U0379749

人文·人居·新时代

文化线路在城乡可持续发展中的角色

第七届『ICOMOS-SBH-Wuhan无界论坛』论文集

丁援　许颖　编

东南大学出版社
SOUTHEAST UNIVERSITY PRESS

图书在版编目（CIP）数据

人文·人居·新时代：文化线路在城乡可持续发展中
的角色 / 丁援，许颖编 . —南京：东南大学出版社，2019.10
　　ISBN 978-7-5641-8544-2

　　Ⅰ.①人… Ⅱ.①丁… ②许… Ⅲ.①建筑 - 文化遗产 -
保护 - 文集 Ⅳ.① TU-87

　　中国版本图书馆 CIP 数据核字（2019）第 193283 号

书　　名：人文·人居·新时代——文化线路在城乡可持续发展中的角色
Renwen Renju Xinshidai——Wenhua Xianlu zai Chengxiang Kechixu Fazhan Zhong de Juese

编　者：丁　援　许　颖
责任编辑：杨　凡
文字编辑：张万莹
责任印制：周荣虎

出版发行：东南大学出版社
社　　址：南京市四牌楼 2 号　　邮编：210096
网　　址：http://www.seupress.com
出 版 人：江建中

排　　版：南京布克文化有限公司
印　　刷：深圳市精彩印联合印务有限公司
开　　本：880mm×1230mm　1/16　印　张：16.25　字　数：308 千字
版　　次：2019 年 10 月第 1 版
印　　次：2019 年 10 月第 1 次印刷
书　　号：ISBN 978-7-5641-8544-2
定　　价：299.00 元

经　　销：全国各地新华书店
发行热线：025-83790519　83791830

第七届 ICOMOS–SBH–Wuhan 无界论坛

主办单位：国际古迹遗址理事会共享遗产委员会

联合国教科文组织工业遗产教席

武汉地产开发投资集团有限公司

承办单位：武汉共享遗产研究会

武汉地产控股有限公司

支持单位：法国驻武汉总领事馆

中信建筑设计研究总院有限公司

华中科技大学建筑与城市规划学院

联合国教科文组织亚太地区世界遗产培训与研究中心苏州分中心

编委会名单

主　　任：郭粤梅　付明贵

委　　员：梁　晶　尹卫民　丁　援　许　颖

目　录

叁 新闻报道篇

壹

——

——

致
辞
篇

——

武汉市市长周先旺先生致辞

尊敬的赵宝江老市长，
尊敬的贵永华总领事，
尊敬的各位来宾，
女士们、先生们，朋友们：

大家早上好！

10月的武汉秋高气爽，丹桂飘香，在这美好的时节，我们十分高兴地迎来了第七届"ICOMOS-Wuhan 无界论坛"的如期举办。在此我谨代表中共武汉市委、市人民政府，向莅临本届论坛的海内外嘉宾表示热烈的欢迎，向长期关心支持武汉建设发展的各界朋友表示衷心的感谢！

历史文化是城市的根脉和灵魂，保护城市的历史文化遗产，就是守护一片土地对于自己文明最深沉的爱。

习近平总书记曾深情地指出，要像爱惜自己的生命一样，保护好城市历史文化遗产。在前几天，习近平总书记在广州考察历史文化街区时，特别强调城市规划和建设要高度重视历史文化的保护，要突出地方特色，注重人居环境的改善，注重文明的传承、文化的延续，让历史留下记忆，让人们记住乡愁。总书记的这些讲话，为我们做好城市历史文化遗产的保护工作指明了方向，提供了根本的遵循。

本届论坛聚焦"人文·人居·新时代"这一主题，深入探讨文化遗产，特别是文化线路在城乡可持续发展中的特殊作用。这既是可持续发展的题中之意，也是建设现代化、国际化、生态化大武汉必须回应的重大命题。

女士们、先生们、朋友们！武汉是一座具有3500年建城史的国家历史文化名城，揽山水之幽，得人文之胜。现有历史街区16片，各级文物保护单位400多处，市级优秀历史建筑193处。当前我们正以长江文明之心的建设为抓手，在武昌古城、汉口历史风貌区、汉阳归元寺片区等重点的区域，大力实施生态修复、老城复兴、文脉复归等工程。护城市之貌、扬城市之韵、传城市之神、铸城市之魂，着力打造世界级历史人文聚集的展示区，努力走出一条具有武汉特色的历史文化遗产保护之路。

思想无疆，智慧无界，本届无界论坛为我们提供了一次登高望远、学习请教的机会。我们将以本届论坛的举办为契机，吸收前沿理念，借鉴国际经验，推动武汉实践，努力为促进世界各国文化的交流、保护人类文化遗产，做出武汉的贡献。

最后，预祝本届论坛取得圆满成功！祝各位来宾身体健康，工作顺利，在武汉度过美好的时光！谢谢大家。

法国驻武汉总领事贵永华先生致辞

尊敬的周先旺市长，

尊敬的嘉宾，

尊敬的各位专家，

女士们，先生们：

上午好！金秋十月，丹桂飘芳，我非常高兴也非常荣幸参加第七届"无界论坛"。

法国跟中国两个国家，同属于对于文化遗产保护非常重视的国家。对于两个国家的人们来讲，必须要尽的义务是将现在的遗产很好地保护传承给我们后代。

每个人有自己的历史，也有自己的生活，每一个城市也有自己的历史，每一个城市的遗产实际上就是这个城市的灵魂和精华所在，所以我们每一个人都有义务去保存它，去传承它。

正如刚才周市长所讲的，习近平主席在文化遗产保护上进行了很重要的指示。实际上，法国在 1950 到 1970 年代，随着城市的发展也犯了一些错误，很多的城市遗产得到了不同程度的毁坏。现在中国跟法国一样开始意识到，城市的遗产保护实际上可以为经济的发展做出很大的贡献。城市的文化遗产，实际上可以成为城市经济发展的一个动力。正如我们在武汉可以看到的黎黄陂路这条街，它不仅保存了这个城市的文化遗产，同时为这个城市的商业和旅游发展做出了贡献。

实际上，城市文化与文化遗产的合作，已经成为中法两国合作的重点之一。这一点在法国总统马克龙先生2018年1月份访华的时候也得到了强调。所以我们今天也非常荣幸能够看到两位来自法国的专家参加本届无界论坛，同时也借此机会感谢无界论坛组委会对于法方专家的邀请。

再次感谢无界论坛组委会的所有工作人员，对你们的辛勤工作表示感谢，也希望本届无界论坛能够办得非常成功，为武汉美好明天做出贡献。

ICOMOS 共享遗产委员会主席安德斯教授致辞

市长先生、各位同事、女士们、先生们、各位嘉宾：

我很荣幸也很高兴再次来到武汉，我非常感谢组委会的邀请。

作为国际古迹遗址理事会共享遗产国际科学委员会的代表，我代表委员会成员和我本人向大家致以最良好的祝愿，祝论坛会议圆满成功。国际古迹遗址理事会（ICOMOS）是世界范围内促进保存和保护遗产的非政府组织。它与联合国教科文组织一起成立，作为世界遗产提名过程中的顾问，并促进文化遗产的保存和保护。

共享遗产国际科学委员会是处理遗产保护具体问题的 28 个专业委员会之一。它重点关注由不同国家和人民共享的建筑遗产，这些遗产由于各种历史原因产生，如移民、边界变更或者是殖民等等。

当我们的中国同事 8 年前开始在武汉开设一个关于共享遗产问题的研究中心，并与 3 所大学以及武汉市合作的时候，我们感到非常高兴，这可以推动武汉保存和保护其丰富的文化遗产。

共享遗产国际科学委员会很高兴帮助我们的中国同事，我们可以提供国际经验，并不断与他们联系。

近几年来，中国发展十分迅速，武汉市保护其丰富的文化遗产，将其融入城市发展之中，具有十分重要的意义。我们相信，武汉市也很清楚，这些文化遗产的保护需要一个好的政策，决策者和开发者也需要对文化遗产保护有更深的理解。

　　我们在武汉设置的 ICOMOS 共享遗产研究中心以及该中心举办的七届无界论坛，都帮助人民提高了对武汉文化遗产保护工作重要性的认识，也在国际上宣传了武汉的文化遗产。我非常感谢这些中国同事的出色工作。

　　过去的几届无界论坛极大地促进了国际合作，这对全球都是非常有帮助的，也是很有必要的。我要感谢你们所有人对保护文化遗产的参与，并希望这一行动能够继续下去，这也是为了武汉及其人民的利益。

　　因此，我们支持和鼓励 ICOMOS 共享遗产研究中心的重要工作。在共享遗产这一重要的遗产保护领域中，该中心迄今是国际上的第一个，也是唯一一个。

　　谢谢大家，祝一切顺利！

Mr. Mayor, dear colleagues, ladies and gentlemen, distinguished guests,

It is a great honor and pleasure for me to be with you again in Wuhan and I am extremely grateful to the organizers for the invitation.

As a representative of the International Scientific Committee on Shared Built Heritage of ICOMOS, the International Council of Monuments and Sites, I bring you the best wishes of the members and myself for a successful forum meeting. ICOMOS is a worldwide acting NGO for promoting the preservation and conservation of heritage. It was founded together with UNESCO to be an advisor in the nomination process of World Heritage and promote the preservation and conservation of heritage.

The International Scientific Committee on Shared Built Heritage is one of the 28 Working Groups on specific issues dealing with heritage conservation. It focuses on built heritage, which is shared between different nations and people due to various circumstances of the history, like migration, shifting of boarders, colonialism, etc.

We were very happy when our Chinese Colleagues started about 8 years ago to open a research centre on this issue in Wuhan and cooperated with 3 Universities and the City of Wuhan to promote the preservation and conservation of the rich heritage Wuhan has to offer.

The International Scientific Committee on Shared Built Heritage was happy to help our Chinese colleagues with the international experience in this issue and is constantly in touch with them.

In this fast development of China since the last years it is of great importance for Wuhan to preserve its rich heritage and integrate it in the urban development. We are convinced that the City of Wuhan is well aware that it needs a good policy to preserve its heritage even if sometimes it looks like that it needs a better understanding of heritage preservation among the decision makers and the acting persons in development.

The activities of the research center in Wuhan as well internationally like those 7 Crossover Forums helped a lot to raise the awareness of the importance of heritage preservation in Wuhan and were also promoting Wuhan's heritage internationally. I am very grateful to the Chinese Colleagues for the excellent job.

The past Crossover Forums promoted in a great way the international collaboration, which is of great help and need in our global world and I would like to thank all of you for your engagement for the heritage and hope that this will go on for the benefit of Wuhan and its people.

Therefore it is of great help and importance to support and encourage the research center, which is internationally so far the first and only one, in its important work.

Thank you and all the best.

贰

实践理论篇

无界论坛

人文
Culture

人居
Habitat

新时代
New Era

文化线路在城乡可持续发展中的作用
Role of Cultural Routes in Sustainable Urban And Rural Develop

第七届"ICOMOS-Wuhan无界论坛"

主办单位
国际古迹遗址理事会（ICOMOS）共享遗产委员会/武汉地产集团/联合国教科文组织工业遗产教席

承办单位
武汉共享遗产研究会/武汉地产开发有限公司

青少年论坛指导单位
武克国武汉市商务会

支持单位
法国驻武汉总领事馆/中国建筑设计研究总院有限公司/华中科技大学建筑与城市规划学院/联合国教科文组织亚太地区世界遗产培训与研究中心（苏州）/武汉东湖生态旅游风景区管理委员会

吴良镛院士讲话

吴良镛院士讲话现场

吴良镛院士致辞

从"建广厦"到"兴家园"

武汉地产集团

一、以史为镜：城市发展与文明演进

（一）城市发展的脉络

人类文明的进步离不开城市的兴盛。在人类文明的萌芽阶段，出于生存繁衍需要而形成的原始部落可视作是城市的雏形。封建社会大一统格局奠定之后，皇城封邑成为古代城市的主要形态，此时城市的主要功能是满足中央集权和政治统治的需要。待封建社会发展到成熟阶段，出现了以工商业贸易、经济文化交流为主要功能的城市群，这也是现代城市发展衍生的基础。从古至今，城市功能日益多元化，城市格局逐渐完善，这种变化折射出人类文明的升级与演进。

（二）武汉：从远古聚落到三镇格局

武汉是中国历史文化名城、国家中心城市，其城市格局的形成与变迁十分具有代表性。距今 3800 年的盘龙城文化，被称为"华夏文化南方之源，九省通衢武汉之根"，展现了早期城市的人居格局。

三国时期，吴国在现在的蛇山夯土筑城，史称"夏口城"，刘琦在汉阳龟山建鲁山城和却月城对抗孙权。唐宋之后，夏口改名鄂州城，武汉进入武昌和汉阳的双城时期，繁华程度高于当时的钱塘与建康。

明成化年间，汉水改道，现在的汉口终于形成，并以其得天独厚的交通优势，跻身中国四大名镇，成为城市人居的理想之地。汉口开埠带来了商业的繁荣，洋务

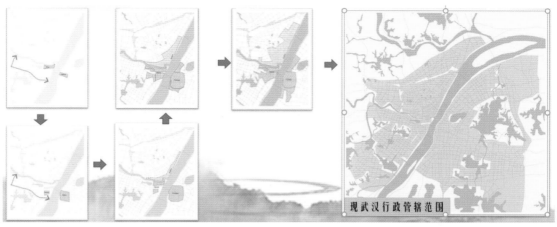

图1　从古至今武汉的城市规模不断扩大

运动又进一步优化了武汉的城市环境。

纵观此时的武汉，虽然城市规模不断扩大，城市功能逐渐丰富，或是军事防御，或是政治统治，或是贸易通商，但始终缺乏从长远角度进行城市规划的思路和将城与人统筹考量的眼光，城市建设的内涵亟待充实和提升。

二、艰难探索：城市建设的转变与跨越

（一）新中国成立初期的城市建设

新中国成立初期，武汉进行了四次城市规划：1953年将原海光农圃改造为东湖公园，围绕市区规划了环市森林带。1954年，参照苏联城市规划，划定了近期4.5平方米、中期6平方米、远期9平方米的人均居住面积；同时，也注意了保证居住环境免受工业污染的用地功能设置。1956年的规划，提出了"拆一建三"的棚户区改造形式。1959年的规划，则特别考虑到了炎热武汉的建筑密度和绿化问题，也注意了公共场所和文化福利措施设置。

这一时期，国家处于经济恢复时期，除了对1949年前的房屋进行大力维修之外，还新建了一些住宅。但按照"先生产、后生活"的指导思想，住宅建设逐渐不能适应职工日益增长的居住需求，生活服务配套设施也跟不上住宅建设的需要。

（二）改革开放揭开城市建设新篇章

改革开放以后，武汉的城市建设开始出现质的飞跃。1978年，武汉住宅统建领导小组和住宅统建办公室（下简称统建办）成立，1984年，武汉市城市综合开

图 2　武汉经济技术开发区

发总公司成立。这两个公司都是武汉地产集团的前身。

1983 年，武汉市第一个商品房小区——台北西村由武汉统建办负责兴建。当时是计划经济时代，各媒体都做了特别重要的报道。

1984 年，国务院颁发文件停止对住宅统建的投资政策。武汉市统建办也就在这一形势下走向市场，开展商品房的生产与经营，率先实现由单一住宅建设向配套建设及综合开发的转变，开启武汉人居飞跃式的发展变革。

1985 年，武汉市第一个用现代理念改造的旧城汉口万松园由武汉市城开总公司和江汉区开发公司联合建设。这个项目兼顾不同代际的需求，人居与自然和谐的理念得以彰显。

值得一提的还有武汉市首次通过市场化的区域开发项目：武汉经济技术开发区和东湖高新技术开发区。这两个国家级开发区的建设在 1990 年代的武汉乃至全国都产生了巨大的示范效应，受到了党和国家领导人的高度评价。

三、匠心筑城：城市价值的发现与塑造

进入新世纪以后，中国城镇化建设如火如荼，城市形象已成为地域发展甚至是国家发展的重要标志，"建设国家中心城市，复兴大武汉"的目标成为武汉城市建设的发展方向。

（一）新世纪的建设者

2003 年 5 月，原武汉统建集团和城开集团合并组建武汉地产集团，由此揭开

了武汉地产集团投身城市建设大会战的序幕。

（二）打造城市地标

2004年，武汉地产集团投资建设的琴台大剧院奠基，一座世界级的艺术殿堂在"高山流水遇知音"的汉阳诞生。2007年，首义文化公园建成开园，成为新的城市地标。2012年，武汉市民之家落成，成为全市政务服务的"超级航母"，极大地方便了市民的生活。2015年，全国最长的城中湖隧道——东湖隧道正式通车，从光谷地区的关山到汉口火车站车程缩短到半小时以内，真正实现了"关山度若飞"。此外，武汉会议中心、武汉社会福利大楼、辛亥革命博物馆、中山舰博物馆、武汉医疗救助中心、东湖绿道、中山大道、长江大道、二环线汉口段、沙湖大桥、东沙湖连通工程等，都出自地产集团之手，成为武汉重要的城市名片。

（三）改善城市人居环境

在塑造城市形象的同时，武汉地产集团还致力于人居环境的提升与改善，先后建成了大江园、汉口花园、汉口城市广场、光谷188国际社区等数十个大中型居住区，承担了约450万平方米的保障性住房建设任务。其中，华中地区最大的棚户区改造项目——青山棚户区改造工程受到党和国家领导人的高度重视。

2018年4月26日，习近平总书记实地考察了青山棚户区项目建设和居民生活情况并指出，棚户区改造事关千千万万群众安居乐业，我们的城市不能一边是高楼大厦，一边是脏乱差的棚户区，目前全国棚户区改造任务还很艰巨。只要是有利于老百姓的事，我们就要努力去办，而且要千方百计办好。

地产集团将按照总书记的指示，主动作为，继续做城市建设和改善民生的践行者，为武汉的发展和群众的安居乐业奉献力量。

四、以人为本：为了人民的美好生活

（一）城市建设的新愿景

党的十九大明确提出：中国特色社会主义进入新时代，我国社会的主要矛盾已经转化为人民日益增长的美好生活需要和不平衡不充分的发展之间的矛盾。这不仅仅是中国的城市建设者们面临的课题，在国际上各国对这一问题也有着诸多的讨论与思考。

2015 年，联合国推出了《变革我们的世界：2030 年可持续发展议程》，制定了 17 项可持续发展目标，其中第 11 项明确提出要建设包容、安全、有抵御灾害能力和可持续的人类住区。

2016 年，联合国人居署第三届人居大会在厄瓜多尔基多举行。会议将应对城市发展的措施列入了《新城市议程》，也对城市发展的愿景提出期待：

我们的共同愿景是人人共享城市，即人人平等使用和享有城市和人类住区，我们力求促进包容性，并确保今世后代的所有居民，不受任何歧视，都能居住和建设公正、安全、健康、便利、负担得起、有韧性和可持续的城市和人类住区，以促进繁荣，改善所有人的生活质量。

这一愿景为城市可持续发展设定了新的全球标准，也为城市建设者重新思考城市规划、城市管理和城市生活提供了新思路。

（二）武汉地产集团的创举

东湖绿道被列入联合国人居署改善城市公共空间示范项目

在第三届联合国人居大会的"中国城市公共空间发展计划"主题论坛上，武汉地产集团投资建设的东湖绿道被与会专家评价为：该项目立足可持续发展的理念，其鼓励绿色出行、放弃景区门票收入、发动公众参与规划等措施十分先进，具有示范推广价值。

联合国人居署高级官员布鲁诺·德肯表示："东湖绿道符合城市的未来愿景，即平等地使用和享受城市和人类社区，确保所有居民可以在安全、健康、方便、永续的空间内，享受城市的公共资源，这是未来城市的发展方向。武汉用绿道的形式，将这一城市最大公共空间还之于民非常重要，这对其他拥有湖区的城市提供了正面的示范效应。同时，武汉还需要一个强有力的立法框架，来引导大家共同遵守绿道的公共性，让绿道得到长久的保存。"

图 3　琴台大剧院

国家级绿色建筑——光谷 188 国际社区

武汉地产集团在进行该住宅小区建设时，将人的舒适度和体验感放在重要位置，无论是设计还是施工，都充分考虑了绿色环保和安全便民的要求。前不久，该项目获得国家绿色建筑三星设计标识。同时，该项目还申请了国际上最先进的绿色建筑认证体系——美国 LEED-ND 金级认证，这在武汉的住宅项目中尚属首例。

此外，武汉地产集团也已谋划布局"为未来而设计"，与"互联网 +"结合的智慧社区，目前正在与腾讯等高科技企业进行沟通接洽，未来将联合开展智慧社区、智能家居研发，共同推动房地产开发进入智慧时代。

五、东湖绿道：当代城市建设的"武汉样本"

（一）新时代的必然选择

东湖绿道的建设，无论是从生态的角度，还是文化的角度，都有其必然性和必要性。历史上，东湖曾与长江相通，后因变成人工调控的湖泊才隔断。2009年，武汉市启动江湖连通"大东湖生态水网"工程，使分离了100余年的东湖与长江再次连通。随着中国政府"长江大保护"战略的提出，东湖在长江经济带的重要性愈发凸显，对东湖生态环境的保护与提升也势在必行。在此背景下，东湖绿道启动建设，无疑是对"长江大保护"战略的创新探索，具有十分重要的示范意义。同时，在东湖之畔，散落着诸多人文历史遗迹，通过东湖绿道的建设将这些节点串联起来，将形成一条属于武汉的"文化线路"，实现城市文化的整合与提升。

（二）以人为本的建设理念

东湖绿道从规划到建设，再到使用，充分体现了"以人为本"的理念。

一是人民绿道人民规划。东湖绿道是全国首例众规众筹的设计项目，市民通过网上平台可以直接参与环湖绿道规划设计。同时，设计中广泛采纳自行车发烧友、马拉松跑友的建议等，实现了全过程的公众参与。

二是将步行路权归还于民。原内部道路机动车与非机动车混行严重，行人的安全得不到保证。建设后的东湖绿道禁止机动车通行，优化道路路面，为市民游览慢行提供了安全的空间。

三是把便民服务做到极致。在绿道规划设计中，充分考虑了便民的配套设施，如安全保证设施、卫生间、大型休息设施、集中餐饮设施、服务驿站、服务点和儿童亲子生活活动场地等。整条绿道还嵌入了智慧应用系统，极大地方便了市民出行。

四是释放出更多公共空间。东湖绿道通过增加校园绿道，开放高校运动场、实验室以及取消主要景区磨山及楚风园景区收费等，实现了更多公共空间的平等共享。

五是建设高品质生态环境。加强区域水网及内部水系连通，通过驳岸自然方法实现水体净化，让湖水更清澈；丰富植被种类，建立生物专用通道，保证生物的多样性，做到人与自然和谐发展。

如此多的匠心巧意，成就了东湖绿道的卓越品质，向世界展示了中国城市建设中的杰出范例。

图 4　东湖绿道

六、结语

综上所述，从古代到近代，从新中国成立初期到改革开放，从新世纪到新时代，武汉的城市建设历程漫长而复杂，呈现出一种螺旋式上升的状态，其动力源于多种因子的共同作用，包括建设技术的升级迭代、建设者的创新探索、国家战略的宏观引领、人民需求层次的转变提升等。在此历程中，我们欣慰地看到，"敢为人先、追求卓越"的武汉精神在进一步地弘扬。

武汉城市建设的理念越来越具有开放性、包容性和亲民性，今天的武汉正朝着现代化、国际化、生态化的目标奋进。

作为武汉城市建设的主力军，武汉地产集团有幸见证、参与并推动了这项伟大的事业。未来，武汉地产集团将继续发扬地产的企业精神，秉承精益求精的匠心，保持砥砺耕耘的干劲，为建设生态友好、安全便民、开放共享的城市家园而不懈努力。

在此，借今天的会议，武汉地产集团对未来的城市建设和人居设计提出三条倡议：

一是在人文方面，要更加尊重和保护历史文脉。城市建设者首先要了解城市的发展历史和文化积淀，厘清城市中有形及无形文化遗产的遗存情况，根据城市特有的地域文化、民风民俗、资源禀赋等"基因"，构建别具一格的城市空间秩序，彰显城市个性，延续城市历史文脉，杜绝千城一貌，实现城市价值的塑造。

二是在人居方面，要始终坚持和践行以人为本。围绕"人"与"人居"这两个核心要素，以人对美好生活的需要为出发点，以提高人的幸福感和满意度为目标，打造以人为本的宜居城市。同时，要尊重民意、用好民智，鼓励市民发挥主体意识，参与到城市建设及人居设计的进程中，建立良性的互动关系。

三是在新时代征途上，要不断追寻并营造和谐共生。要以可持续发展思想为指导，充分处理好开发与保护的关系，找准经济效益与生态效益的平衡点，按照绿色、生态、低碳理念进行规划设计，推动绿色生态城区建设，集中连片发展绿色建筑，打造"人—城—文化与自然"和谐共生的城市居住空间。

Experiences and Reflections on Culture, Habitat and Routes from ICOMOS

—the New York High Line Park as an Example

ICOMOS 的文化·人居·线路的经验与思考

——以纽约高线公园为例

美国乔治亚大学　瑞普教授

Prof. James Reap, University of Georgia

It's a pleasure for me to participate in the seventh ICOMOS–Wuhan Crossover Forum. I've had the honor to do so in a few previous sessions, and I'm so honored to be here today. Before I begin, I'd like to convey the congratulations and best wishes of Professor Toshiyuki Kono, the international president of ICOMOS for a successful program here today. I'm going to be talking today about cultural routes, but particularly from the focus of their application in the United States.

Certainly, there are international concepts that have to be respected for the concept of cultural routes, but each country and region must adapt these concepts to their own cultural heritage and needs. I would like to talk a little bit about that background first, and then the role of cultural heritage in cultural routes in the United States.

The evolution of cultural routes began several decades ago, and they have been refined in the 1950's, 1960's, and 1970's, by the actions of UNESCO and ICOMOS, and have been elaborated to a great deal by the Council of Europe and its cultural routes in the European continent.

The concept of cultural routes really reflects the different cultures, beliefs, and lifestyles, over different periods of time. Arguably, the first global statement on cultural routes that unified the ideas of cultural routes came from UNESCO and ICOMOS, and it reads:

A heritage route is composed of tangible elements of which the cultural significance comes from the exchanges and a multi-dimensional dialogue across countries and regions that illustrate the interaction of movement along the route in space and time.

While the definitions of cultural routes emphasize various tangible and intangible issues, its dynamism in the form of movement, exchange, and dialogue characterizes the cultural routes. The ICOMOS *Charter on Cultural Routes*, was the first statement by the ICOMOS about the concept of cultural routes. Some of the key concepts are illustrated here: a route of communication, of exchange, of functionality, of specific and well determined purpose, and over a significant portion of time. It deals with the cross fertilization of ideas and culture. And it focuses on both tangible and intangible cultural heritage—integrated into a dynamic system. The concept, as expressed by ICOMOS, sets a very high standard for cultural routes. However, we have found that there are variations, which lend more usefulness of this concept, for each of our nations.

The Council of Europe has done a great deal to expand the concept in Europe. It expresses the provision that a route is not necessarily a physical path to be walked—but it can be composed of cultural stakeholders such as museums, municipalities, and local governments clustered into an umbrella organization.

It can cover a wide variety of different themes from architecture and landscape to influences that range to intangible heritage, gastronomy, music, art and culture. The cultural routes of the Council of Europe provide for both leisure and educational activities and are keys to responsible tourism and sustainable development. You will hear more from our colleagues later today about the success of the programs in Europe.

However, the concept of cultural routes can be expanded along the lines of those developed by the Council of Europe. Ron van Oers, in 2010, elucidated these ideas and talked about not only a route that exists over a period of time—a physical route, but a series of culturally and historically important elements that can be a perceived product. It may never have existed in history and space and time.

And this is the concept that has been employed more extensively in the United States. The economic importance of cultural routes cannot be denied. There's a growing market for attracting tourism; there's an appreciation for cultural properties and their preservation. It leads to the development of art programs, and to innovative and creative methodology that enhance culture. It's a bridge to social, economic, and human development. And this social and economic development from communities is one of the key concepts of cultural routes.

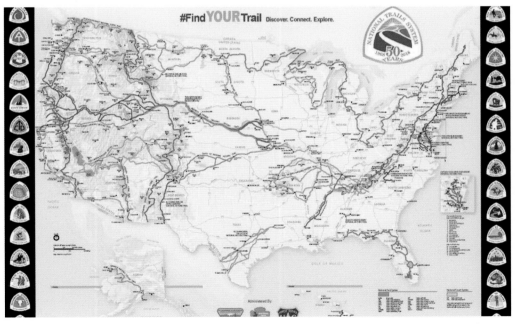

Figure 1   US National Trail System

National Historic Trail: ••••Land Route ——Water Route —— Other M

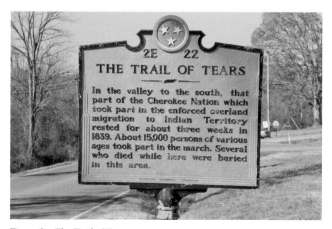

Figure 2　The Trail of Tears

Cultural Routes in the United States are a relatively new concept. The closest concept that we have had to cultural routes has been that of the national trail system—administered by our National Park Service as part of the overall approach to cultural landscapes. And these trails include cultural heritage issues and elements. Scenic trails and highways are important aspects in the United States.

The United States trail system was officially established in 1968 from both urban and rural interests. They promote the enjoyment and appreciation of trails and encourage public access. They established classes of trails, there are: scenic trails, historic trails, national recreation trails, and connecting trails. The National Park Service has encouraged all public and private agencies, cities, states, and regions to develop and maintain appropriate trails programs.

The first trail that I'd like to talk about, is a traditional trail in the United States. It's the Trail of Tears. The trail of tears originated in the 1830s when the Native American tribes of the southeastern United State were required to be removed to the west—and had to be transported to the western part of the United States. They traveled for some five thousand miles across nine states. They were taken from their sovereign nation, in present day Georgia and North Carolina, to the area of Oklahoma where they presently reside. Along this trail, there are multiple sites which have a distinctive origin—it has a distinctive destination. And there are many sites, both natural and cultural, along the route that tell the history of this migration of the Cherokee people. The historic name given to this route was the Trail of Tears, and there are cultural sites, original buildings of the Cherokee nation, traditional habitation, and their current sites in Oklahoma. So It's more of a traditional trail system through the United States.

Another traditional trail is El Camino Real. It's the historic connection of Spanish missions in the state of California. As early as 1904, supporters of the regional association began to mark the route with distinctive mission bells. Although the actual route has

Figure 3　El Camino Real

shifted many times over the years, and it often evaded researchers to discover the location of the route. However, to promote the historical route, the association has put up more than four hundred markers along the route. It's been a tremendous inspiration to those who study California and American history, and it's been an economic and social development tool for the state of California.

A different kind of route was created in the state of Mississippi that honors the creation of the musical tradition that we call the blues. It tells, through stories, words, markers, and locations, about those musicians and the creators of this musical genre, where they lived, the times in which they existed, the sites which they inhabited and in which they performed—in which those traditions grew. So this is not a trail that has a beginning and an ending point, but it is a group of cultural sites that together make a unified whole.

The United States has also had a great focus on historic roads. And of course, historic roads are important to the development of America. We're not an ancient country. We are a modern country that largely developed during the automobile age. So we have phrases like "the great white way" for Broadway in New York. We talk about living in the fast lane for the pace of living in America today. So we have developed the drive-ins and the drive-ups. The highway-associated history is very important in America. In fact, one of the most important civil rights events of the twentieth century took place when Martin Luther King led a protest march across a long highway in Alabama, which gave it a historical significance. So they've had a very powerful impact on the landscape, but very little has been done about their preservation. The country is beginning to address the historic road.

A particular historic road helps to bridge that gap between road and trail, and that's Route 66—a highway that stretches across America, from Chicago to Los Angeles. It represents a unique moment in time, the nation's identity, and it tells part of the American story. Here are some images along Route 66. It tells particularly the culture of the 1940—1960's era, and the history of even earlier transcontinental travel in the United States. The National Trust for Historic Preservation in the United States is seeking to have this highway, Route 66, designated as a national historic trail. It would be a first in the United States. Because of its significant impact on the states in which it crosses, hundreds of communities depend on it for their economic

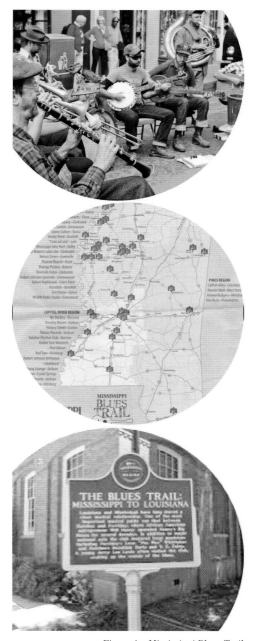

Figure 4   Mississippi Blues Trail

Figure 5　Historic Roads

development. Most importantly, it will protect this part of American history for generations to come.

Here's a particular project in my state that I'd like to focus on, it was very interestingly derived from a graduate students master's thesis. And it's called the Atlanta Beltline. The city of Atlanta was once ringed by a circular railroad route, which you can see on the map. This railroad line became disused over years as the railroads and highways were modernized and it became abandoned.

The creator of this idea had the vision that it could be a connection of transportation routes by rail, by foot, by bicycle, and could create parks, and economic development around the city. So this project is becoming a reality today. It focuses on historic preservation, on art and culture, on economic development—and the economic impact has been tremendous over the years of this project. It's the kind of cultural route that is adapted well to the American situation.

But my focus today is primarily on the New York High Line. The New York High Line serves as an example of what cultural route tourism has to offer the community and visitors, by how it's transformed dilapidated rail line into a showcase for art, landscape preservation, and education.

Originally, the line was opened in 1934 along New York's west side. The trail was part of infrastructure improvements to the city, and was an elevated railroad designed to improve pedestrian safety, and access for businesses and industry to goods.

In 1960, part of the line had become abandoned and other infrastructure of the city was expanded in the highway area and trucking and new traffic rendered this transportation facility obsolete. In 1999, the Friends of the High Line was founded by Joshua, David, and Robert Hammond. They were inspired by the beauty that they had grown up with around the

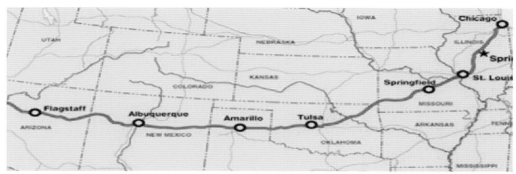

Figure 6 Route 66

old line. The natural beauty—the landscape, had returned. In 2009, the present high line was opened as a cultural environmental experience with new art, landscape, and productions that are happening annually.

More than seven million visitors a year experience the high line, and it's supported by this non-profit organization that raises the funds for the cultural activities along the route. Some of the important aspects of the high line that are key to its success—I think the key to the success of any historic route is the views of the city. The glimpses of the city that one can have from various opportunities and from various overlooks. You see the statue of liberty, you see the high-rise buildings, and you see the parks and the neighborhoods.

So the views are one of the key aspects of the success of this transportation corridor. Scenic beauty is another aspect that was incorporated into the High Line. Over the years, after the high line had been abandoned, the area grew up, with a natural growth of plants. The High Line sponsors wanted to capitalize on the idea of "wild nature", and they have used ecologically sustainable plants that are native to the area. The old rails have been covered by a walkway, allowing the visitors to walk along the tracks and to view the city, the historic buildings, and the landscape features. The plants are meant to evoke the wild brush growth that inspired other preservations of the high line. Youth and community are very important. There're free tours and glimpses of history in the park and its design and the landscape built around the park. Private tours offer a more intimate and personalized journey into the parks history and landscape. They're offered for up to forty people at a time. Members of the Friends of the High Line provide a very personal experience that goes deeper into the park.

What is going on currently are events for young children and teenagers that give them an opportunity to learn about the growth of the city, the cultural heritage of the city, and the ecology and nature. Their interactions is a key part of the success of the High Line. Art is a key concept—art and design were the heart of the High Line development. It's the only park in New York that has a dedicated multimedia contemporary art program that is offered every

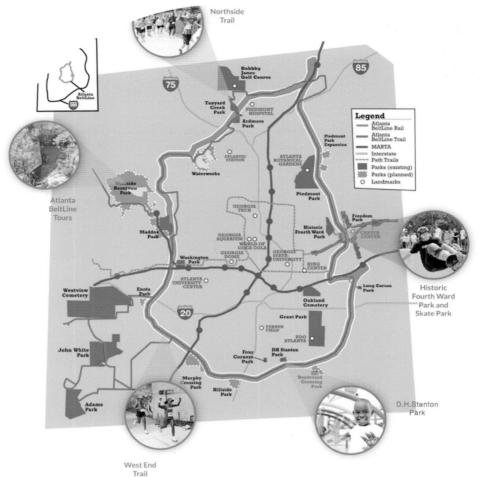

Northside
Trail

Atlanta
BeltLine
Tours

Historic
Fourth Ward
Park and
Skate Park

D.H. Stanton
Park

West End
Trail

Figure 7   Atlanta Beltline

Figure 8　The New York High Line

single day of the year.

It presents work by national and international artists on a variety of stages and venues, and who are in a variety of careers—from early career artists to world famous ones. It invites artists to engage with the unique architecture, history, and design of the high line in creative and provocative ways. And it's used as a way to produce a dialogue with the surrounding neighborhood and the history of the urban area that it highlights. One of the events that occurred just this October was the mile long opera—a performance that was staged along one mile of the High Line, where singers performed a new work that focused on life in the changing city. And there was an extensive community engagement in this performance. It's simply typical of the way the High Line has engaged communities in art, history, and sustainability through this project.

Here're some of the lessons that I'd like to share with you from the High Line. First, it's important to spark the public's imagination: there has to be an idea that intrigues the public in order for a project of this nature to become a success. Secondly, there has to be an uncompromising commitment to design quality. So the finest designers, architects, landscape architects, and artists must be involved in its design for it to be successful.

And there has to be a plan for its long-term financial solution in developing the High Line. The non-governmental organization and the city worked in such a way to provide sufficient funding resources over time to maintain this cultural phenomenon, and it has to be activated throughout the year. There has to be, in each season of the year, activities that engage people and bring them to the High Line. There has to be a response to the place; and this project does that. It engages the history and culture of New York in a way that makes them accessible to the citizens of the city, and to visitors from around the world.

Figure 9　History

But there is finally one aspect that was not successfully addressed by the founders. Their vision of a green space, a recreation space for the city was successful, but the impact on the citizens in the surrounding community was not sufficiently addressed. The thousands of visitors have caused an impact on a change in a gentrification in the neighborhood that the planners believe, had they realized this impact before, they could have avoided it. So impact on the community of any of these projects is essential to their success.

So in conclusion, I'd like to just share some thoughts about the contribution of the High Line and cultural routes in general to communities. First, these routes can emphasize the history of the community—the heritage of the community. Over time, they are learning tools that can excite young people by walking, by seeing, by visiting—rather than by reading history books. They focus on sustainability. These projects are naturally and culturally sustainable, and financially sustainable over time. They incorporate important elements of culture. They are keys to urban development and economic development, and certainly a great asset to tourism. It's a tool that can really excite the public. The High Line, gives a sense of place, and it provides an insight into the city of New York over a period of time and distance. So in these ways, this concept does not fulfill the classical definition of a cultural

Figure 10   Views of the City

route, but it is one that's uniquely adapted to the American experience. And we would suggest that, in each region in each nation, the concept of cultural routes needs to be adapted to their own particular circumstances, their own culture, and their own venues.

中文翻译

我很高兴参加第七届 ICOMOS-Wuhan 无界论坛。我很荣幸参加了之前的几次会议，也很荣幸今天能来到这里。在我开始发言之前，我为大家带来了国际古迹遗址理事会（ICOMOS）主席河野俊行教授对大会成功举行的祝贺和祝福。我今天要讲的主要内容是文化线路，尤其是在美国的文化线路。

当然，我们必须尊重那些关于文化线路定义的国际概念，但每个国家和地区都必须使这些概念适应其自身的文化遗产和需要。我想先谈谈这个背景，然后谈谈文化遗产在美国文化线路中的作用。

文化线路概念的演变始于几十年前，在 20 世纪 50 年代、60 年代、70 年代，通过联合国教科文组织和国际古迹遗址理事会的行动得到了改进，欧洲委员会以及欧洲大陆的文化线路对此也进行了大量阐述。

文化线路的概念确实反映了不同时期的不同文化、信仰和生活方式。可以说，第一份关于文化线路的全球声明是联合国教科文组织和国际古迹遗址理事会做出的。它的内容是：一条遗产线路由有形的元素构成，其文化意义来自跨越国家和地区的交流和多维度的对话，这也展现了线路在空间和时间上的相互作用的变化。

因此，虽然文化线路的定义强调了各种有形和无形的问题，但它是由运动、交流、对话等形式表现出来的活力来赋予文化线路特征。ICOMOS 的《文化线路宪章》，是 ICOMOS 关于文化线路概念的第一个陈述。其中一些关键概念我展示在这里：交流、交换、功能、特定和明确的目的，以及通过相当长的时间。它涉及思想和文化的交叉融合，并着重于有形和无形的文化遗产融合到一个动态系统中。ICOMOS 所表达的概念，为文化线路设定了非常高的标准。然而我们发现这一概念也有很多变化，对我们每个国家来说，也带来了更多的作用。

欧洲委员会为在欧洲扩大这一概念做了大量工作。它表示一条文化线路不一定非要是一条可以走的路，它可以由博物馆、市民、各级市政府等文化利益攸关方共同组织而成。

它可以涵盖各种不同的主题，如建筑、景观和非物质遗产——美食、音乐、艺术和文化。欧洲委员会的文化线路既为休闲和教育活动提供了途径，也为负责任的旅游业和可持续发展提供了关键。今天晚些时候，你将从我们的同事那里听到更多有关欧洲项目成功的信息。

然而，文化线路的概念可以按照欧洲委员会制定的线路加以扩展。2010 年，吴瑞梵阐述了这些观点，并且谈到，文化线路不仅可以是一段时间内存在的一条线路、一条实际存在的线路，也可以由一系列文化和历史上的重要因素共同组成，它可能从未在历史、空间和时间上存在过。

这一概念在美国得到了更广泛的应用。文化线路的经济重要性不容否认，吸引旅游业的市场正在增长。在美国有一种对文化遗产及其保护的欣赏，它使得艺术项目得到发展，也带来了加强与文化联系的创新和创造性的方法论。这就构成了通往社会、经济和人类发展的桥梁。社区的社会和经济的发展也是文化线路的关键概念之一。

文化线路在美国是一个相对新的概念。一直以来，我们与文化线路最接近的概念应该是我们国家公园所管理的国家步道系统，它们也作为文化景观的一部分得到了研究。这些步道包括了文化遗产问题和元素。景区步道和高速公路在美国都非常重要。

美国步道系统正式成立于 1968 年，与城市和农村的利益都相关。他们推动对步道的享受和欣赏，并鼓励公众进入。他们建立了一系列的步道、景区、历史步道、国家休闲步道和连接步道。国家公园管理局鼓励所有公共和私人机构、城市、州和地区开发和维护适当的步道项目。

我想谈谈的第一条路，是美国的一条传统线路，叫作眼泪之路。眼泪之路起源于 19 世纪 30 年代美国东南部的美洲土著部落。他们被要求迁移到美国西部，在九个州旅行了大约 5 000 英里。他们被从他们原来拥有主权的今乔治亚州、北卡罗来纳州等地带到了现在的俄克拉荷马州，并居住至今。这条线路上有多个源于同一个独特起源的遗迹，也有一个独特的目的地。沿着这条切罗基人迁移的路线有许多自然和文化的遗迹。这条路线的历史名称是眼泪之路。线路上还有切罗基人的文化遗址、原始建筑、传统民居和他们目前在俄克拉荷马州的居住地，所以它更像是一种穿越美国的传统线路系统。

另一条传统线路是 El Camino Real。这是西班牙在加利福尼亚州的传教士的历史联系之路。早在 1904 年，该地区协会的支持者就开始用独特的使命钟来标记这条线路。虽然这些年来这条线路已经多次改变，以回避研究人员的追踪。不过，为了推广这条历史线路，该协会在这条线路上已经竖立了四百多个标记物。这对那些研究美国加州历史的人而言是一个巨大的启发。而且，它也是加利福尼亚州的经济和社会的一个发展工具。

在密西西比州他们创造了一条另一个类型的文化线路，以纪念我们称之为蓝调的音乐传统。它通过故事、文字、标记和地点讲述这些音乐家、这种音乐类型的创造者们居住的地方、存在的时代和表演的、让蓝调传统生长的地方。这样一来，这就不是一条有起点和终点的线路，而是一群共同构成一个统一整体的文化遗址。

美国也非常注重历史道路。当然，历史道路对美国的发展非常重要。我们不是一个古老的国家，而是一个现代国家，主要是在汽车时代发展起来的。所以我们有一些短语，比如纽约百老汇的"白色大道"。我们今天谈论的是生活在美国的快车道上，我们发展了种种便利的路边服务。因此，高速公路相关的历史在美国是非常重要的。事实上，20 世纪最重要的民权事件之一发生在马丁·路德·金领导的抗议游行穿过的亚拉巴马州的一条长长的高速公路上，也给了这条公路一个历史意义。这些道路对景观产生了巨大的影响，但对它们的保护却不多。美国现在已经开始强调历史性的道路了。

一条特殊的历史道路有助于弥合道路和小径之间的鸿沟。大家可以看到，66 号公路是一条横跨美国从芝加哥到洛杉矶的高速公路。它代表了一个独特的时间段和国家的特征，也讲述了美国故事的一部分。这是66号公路沿线的一些照片，它特别呈现了1940—1960年代的美国文化以及更早的、美国跨州旅行的历史。美国国家历史保护信托基金正在寻求将这条公路（66号公路）指定为国家历史步道，这将是美国的第一条。它对它所跨越的州产生了重大影响，也成为数百个社区的经济发展依靠。最重要的是，它将为子孙后代保存这部分美国历史。

在我所在的州有一个特殊的项目我想重点介绍一下。有趣的是，它来源于一个研究生的硕士论文。这个项目叫作"亚特兰大环线"。亚特兰大的周围曾经有一条环形的铁路线，现在从地图上还能够看到。因为铁路和高速公路都已经变得更加现代化，这条铁路线已经被弃用多年。

这个想法的创造者有一个愿景，那就是它可以连接铁路、步行道、自行车道等交通路线，在城市周围建立公园，促进经济发展，所以这个项目现在正在成为现实。它注重对艺术和文化的历史保护，注重经济发展。多年来，这个项目的经济影响是巨大的。这种文化线路，很好地适应了美国的情况。

不过我今天主要关注的是纽约的高线公园。它是为社区和游客提供文化线路旅游的一个范例。我也关注它如何从一个废弃的铁路线转变成了艺术与景观、保护与教育的展示区。

最初，这条铁路线于1934年在纽约西区开通。这条铁路是改善城市基础设施的一部分，也是一条高架铁路，旨在改善行人的安全以及商业和工业存取货物的路径。

1960年，部分铁路线被废弃，城市的其他基础设施在高速公路地区得到扩展，卡车运输和新的交通方式使得铁路这一运输设施显得过时。1999年，"高线之友"由Joshua、David和Robert Hammond创立，他们受到了围绕着老线路生长起来的美——自然之美与风景之美的启发。2009年，新的高线公园作为一种文化环境体验开放，每年都有新的艺术、景观和产品。

每年有超过700万的游客体验高线公园，非营利组织的赞助为沿线的文化活动筹集资金。有一些重要的方面是高线公园成功的关键。我认为任何历史路线成功的关键是城市的风景。人们有各种机会看见城市。从各种角度，你可以看到自由女神像，可以看到高楼大厦、公园和社区。

因此，景观是这条交通廊道成功的关键因素之一。风景之美是被高线公园考虑的另一个方面。在高架铁路被废弃多年后，这个地区的植物自然生长。高线公园的赞助商想要利用野生自然的概念，他们使用了当地的生态可持续植物。旧铁轨被一条人行道覆盖，游客可以沿着铁轨行走，欣赏城市、历史建筑和景观特色。这些植物是为了激活野生灌木丛的生长，激发了对高线公园的其他保护。青年和社区非常重要。公园里有免费的游览，可以瞥见公园的历史、设计和周围的景观。定制化的行程则提供了更亲密和个性化的可了解公园历史和景观的旅程。这种定制行程每次最多可容纳 40 人。"高线之友"的成员也可以为游客提供独家的公园游览经历。

目前正在进行的为儿童和青少年举办的活动，让他们有机会了解城市的发展、城市的文化遗产、生态与自然。他们之间的互动是高线公园成功的关键因素。艺术是一个关键概念，艺术设计是高线发展的核心。它是纽约唯一一个每天都提供专门的多媒体当代艺术项目的公园。

它展示了美国和国际艺术家在不同的舞台和场所的作品，有的来自处于职业早期的艺术家，也有的已经是世界著名的艺术家。它邀请艺术家以创造性和有刺激性的方式与高线公园独特的建筑、历史和设计结合，这也是一种与周边社区以及高线公园所彰显的历史与城市区域产生对话的方式。就在 2018 年 10 月发生的一件事是"一英里长歌剧 (the mile long opera)"，一场在高线公园一英里长的地方上演的演出，歌手们在那里表演了一部聚焦于这座不断变化的城市的生活的新作品。在这次演出中有广泛的社区参与。这是高线公园通过项目让社区参与艺术、历史和可持续发展的典型方式。

在这里我想和大家分享一些高线公园的经验。首先，激发公众的想象力很重要。要使这种性质的项目获得成功，就必须有一个吸引公众的想法。其次，必须对设计质量做出毫不妥协的承诺。所以最好的设计师、建筑师、景观设计师和艺术家必须参与到设计中去，这样才能成功。

而且，发展高线公园必须有一个长期财政解决方案。非政府组织和城市需要以能够长期提供足够的资金资源的方式工作，以便维持这种文化现象，并且必须在全年都开展活动。每年的每个季节都要举办活动，从而让人们参与进来，把他们带到高线公园，必须让人们对高线公园这个地方有回应。这个项目就是这么做的。它融合了纽约的历史和文化，使纽约市民和世界各地的游客都能接触到它。

　　但最后还有一个问题高线公园创始人没有成功解决。他们对城市绿地、休闲空间的设想是成功的，但高线公园对周围社区居民的影响问题没有得到充分的解决。成千上万的游客对这一地区中产阶级化产生了影响，规划人员认为，如果他们早意识到这种影响，就可以避免它。因此可知，这些项目对社区的影响对于项目的成功至关重要。

　　最后，我想和大家分享一些关于高线公园和文化线路对社区的贡献的想法。首先，这些线路可以强调社区的历史和社区的遗产。随着时间的推移，高线公园提供的学习工具能够让年轻人兴奋起来：通过走路、看风景、参观的方式可以了解历史，而不是阅读历史书籍。他们关注的是可持续性，这些项目是自然的，文化上可持续的，也是财政上可持续的。它们包含了重要的文化元素。这是城市发展和经济发展的关键，当然也是旅游业的一大资产。这是一个真正能让公众兴奋的工具。高线公园具有它的场所精神，它提供了一个从时间和空间上洞察纽约这个城市的视角。因此这样看来，虽然高线公园的概念并不符合传统意义上的文化线路的定义，但它是一种独特的适应美国经验的文化线路。我们建议，在每个地区、每个国家，文化线路的概念需要适应他们自己的特殊情况，适应他们自己的文化和他们自己的场所。

联合国人居署的文化、人居、线路思考

联合国人居署驻华代表　张振山

　　文化是因为人而产生的。在人类社会的发展过程中，文化通过人们世世代代的传播而继承下来，文化受到地理、气候、人文等不同因素的影响，形成了不同的文化特色。文化经过传承和积淀形成了今天我们看到的文化特征。可以说，文化因人而产生，使人类的生活丰富多彩，为人类的发展做出贡献。人类集聚在农村形成了农村文化，人类生活在城市产生了城市文化。就城市而言，城市是文化的载体，是文化的集中体现，文化是城市不可或缺的，它是城市的符号和象征，是城市的精神和灵魂，并为城市的发展起到巨大的推动作用。文化和城市，二者相辅相成。因此，在城市的发展过程中，需要重视文化的传承和保护。

　　我们都知道可持续发展包括三个要素，就是社会、经济和环境，其实文化也是非常重要的内容之一，因此我们也把文化叫作可持续发展的第四要素。文化造就了城市的气质，也提升了城市的魅力，促进了城市经济发展，传承了历史，更决定了城市的品位。城市不仅是政治、经济的中心，也是文化的中心。

　　物质文化遗产包括古遗址、古墓葬、古建筑、石窟寺、石刻、壁画、近代现代重要史迹及代表性建筑等不可移动文物，历史上各时代的重要实物、艺术品、文献、手稿、图书资料等可移动文物；还包括在建筑式样、分布均匀或与环境景色结合方面具有突出普遍价值的历史文化名城（街区、村镇）。

　　文化是具有多样性的，包括物质文化和非物质文化。中国有着丰富的物质和非

贰　实践理论篇　无界论坛　041

物质文化资源。目前已经有很多项目列入了联合国教科文组织的文化遗产名录当中。此外，我国还有许多国家级及省、市级的文化遗产。

文化是城市发展的动力。文化现在已经成为重要的产业，且在国民经济中的比重越来越大。随着人们生活条件的改善，对文化的需求日益增长，旅游产业作为绿色发展产业，方兴未艾。各种文艺表演受到群众的喜爱。特别是文化与高科技产业的融合，成为城市经济新的增长点。

文化是城市的灵魂。一个城市优越的环境是其必备的形象，而独有的文化风骨则是独有的城市个性。历史风貌、特色建筑、园林景观等都是城市文化的集中体现，文化不仅是城市的灵魂，更是城市的精神支柱，文化的认同感增强了城市的凝聚力，城市居民将愿意为所在的城市做出自己的贡献。一座有历史积淀和文化底蕴的城市不仅具有很强的吸引力，还具有强大的影响力。纽约的高楼就引导世界各地的城市不断建设高楼，打破纪录。

城市是文化的载体和传承者。城市里的人、建筑、设施、景观、树木、自然等都承载着城市的文化，并一代一代地传承着。

大家都知道杭州的西湖，它有名，一方面是因为它美丽的自然风光，更重要的则是它承载和传承的文化。人们把杭州比作"天堂"，不仅是因为她有美丽的西湖，有美丽的自然风光，更重要的是她有丰富多彩的文化。因此，在城市的发展中要特别重视城市历史文化的保护和传承。

过去几十年城市化快速发展，城市化的人口超过了有史以来的几千年（城市人口自 2008 年超过总人口的一半，到现在已达到 57% 左右，预计到 2050 年会超过70%）。快速城市化带来了前所未有的发展机遇，但也带来了许多问题。城市环境污染，交通拥堵，历史街区、传统和特色建筑被拆，传统文化消失，人居环境也面临诸多问题。

回顾中国过去 40 年城市化的经历，既有很好的经验，也暴露出不少问题。就经验来讲，中国有很好的国家城市政策，国家不仅召开城市工作会议，也制定指导城市发展的城市规划。中国有很好的城市立法和城市管理。中国有完善的城市规划体系和规划涉及的审批制度，这保证了中国城市在快速发展中没有形成大面积的贫民窟。中国有良好的城市融资体系，特别是土地财政，这保证了城市的资金可以用于基础设施的建设，从而为整个城市的居民服务。

中国城市发展中也面临诸多问题，特别是大拆大建，很多优秀的文化遗产遭到破坏，甚至就此消失，非常可惜。

浙江省一个城镇的故事就能很好说明这个问题。该城镇有一个按照当地传说建造的建筑，也是当地群众乐于聚集的一个地方，其背后为一座祠堂。对于这样一个很不起眼的建筑，当地的一个书记想出 5000 元钱让当地村民将此建筑拆除。但当时就有一个人跟这位书记说："你不用找人拆了，我给你 9 万元钱，你给我拆这个建筑。"于是该书记意识到这件事情的复杂性。然后他就到横店去请教专家，专家对他说："我给你

图 1　快速城市化

100 万元来拆这座建筑。"这让这位书记更加意识到这座建筑的重要价值以及问题的严重性，于是决定对这座古建筑加强保护。但是那些想要拿 5000 元拆除这个建筑的居民反倒不同意了。最终这位书记还是通过找人将自己和那些想拆除该建筑的居民告上法庭的方式，才将该建筑保护了下来。从这个故事可以看出，对历史文化建筑的价值考虑不够，很容易导致错误的拆除，倘若造成损失，就会很遗憾。

城市包括城市文化在内的可持续发展问题成为当今的重要问题。这些问题不仅引起了很多人的关注，也引起了联合国的重视。联合国分别在 2015 年和 2016 年通过了《可持续发展议程》和《新城市议程》。两个文件对城市文化的发展和保护做出了很明确的阐述和要求。在"可持续发展目标（Sustainable Developing Goals，SDGs）"中，城市第一次被作为一个整体列入了 17 个发展目标之中——目标 11 要求"建设包容、安全、韧性和可持续的城市和人类住区"；目标 4 指出"要加大努力保护和捍卫世界自然和文化遗产"；并在目标 7 当中提出，要建设"安全、包容性、无障碍和绿色的公共空间"。刚才我很高兴看到武汉地产集团也提到了《新城市议程》，能有这样的认识，我深感欣慰。

《新城市议程》是在第三次全球人居大会上一致通过的，它包括了"为所有人建设可持续城市和人类住区基多宣言"。它是促进和实现城市可持续发展的政治承诺，以此作为在全球、区域、国家、地方各级以综合和协调方式、在所有相关利益相关方参与下实现可持续发展。

《新城市议程》提出了我们共同的愿景：人人共享城市，即人人平等使用和享有城市和人类住区，我们力求促进包容性，并确保今世后代的所有居民，不受任何歧视，都能居住和建设公正、安全、健康、便利、负担得起、有韧性和可持续的城市和人类住区，以促进繁荣，改善所有人的生活质量。并用八个段落详细描述了我们设想的城市和人类住区。

《新城市议程》的意义在于，它是一个以行动为导向的，并为国家、地区和地方政府提供指导的文件。它包括了文化和遗产的内容。其中第 2、10、26、37、38、48、60、97、124、125 等段落等都有涉及。

图 2　2016 年 10 月 20 日通过《新城市议程》

　　《新城市议程》承认，文化和文化多元性是人类精神给养的来源，并为推动城市、人类住区和公民可持续发展做出重要贡献，赋予公民在发展倡议中发挥积极和独特作用的能力。

　　《新城市议程》承诺，在国家、国家以下和地方各级通过综合城市和地域政策和适当投资，可持续利用城市和人类住区中的自然遗产以及有形和无形的文化遗产，承诺保障和促进文化基础设施与场地、博物馆、土著文化和语言以及传统知识和艺术，强调它们在恢复和振兴城市地区活力以及加强社会参与和践行公民精神方面所发挥的作用。

　　联合国人居署总部设在肯尼亚内罗毕，是联合国系统内负责人类居住发展活动的协调机构，与各国政府合作，负责推进和巩固包括与地方政府、私营机构和非政府组织在内的所有伙伴的合作关系，共同落实"可持续发展目标"中有关城市发展方面的内容以及《新城市议程》。

　　联合国人居署在中国开展了改善城市公共空间的项目、可持续城市规划项目等，对新城的建设及旧城的改造提供指导意见，以此推动城市和文化遗产的协调发展。

图 3　文化和遗产

武汉二曜路

图 4　武汉二曜路片模型

联合国人居署与武汉也有着良好的合作。刚才提到的东湖绿道，也是联合国人居署的示范项目。今年我们还将在武汉市召开武汉历史之城专家研讨会。

联合国人居署愿意在本地区与大家合作，并做好了充分的准备，以此推动城市和文化的协调发展。

丝绸之路的文化线路思考与实践

中国建筑设计研究院有限公司总规划师　陈同滨

　　丝绸之路这个概念和我们当代历史研究的潮流有关。目前世界史研究开始有一个趋势，就是进入全球史的阶段，它突破了以国家为单元的世界史框架，同时也超越了我们经常说的跨国贸易、商业网络、比较政治等跨国境的初步研究阶段，应该说进入了一个全新阶段。这个阶段强调关联和互动，或者说人们不再局限于关注世界是什么样，而是关注世界何以是这样。这就将关注的中心，从各个文明中心转移到各文明中心之间的交流过程和作用，就是现在经常说的传承的过程。无论是在沙漠、草原还是海上的丝绸之路，它们之间的兴衰更替都充分揭示了这个过程。可以说丝绸之路充分展现了各个文明之间交流的过程，它对文化传承的影响力，以及不同时间、地缘和人类文明形成的不同的传播方式与结果。正是在这一背景下，丝绸之路的线路遗产拥有了非同一般的意义，并再次以遗产的核心价值"和平友好·互利共赢"获得当代社会的广泛关注，同样也成为我们现在的国策。

　　我的介绍分为四个内容。第一个是关于文化线路概念的简介，第二个是线路的类型特征，第三个是关于我们申遗的丝绸之路，简称叫"天山廊道"的项目简介，第四个是我们在做线路遗产时的一些思考和实践。

　　第一，关于文化线路的概念。刚才国外专家瑞普先生已经介绍了一部分，我这里再做一个回顾。文化线路最早因 1993 年西班牙的朝圣之路提请申遗而产生了讨论。到 2014 年的时候，开始开会专门讨论文化线路这个概念。到 2015 年的时候，世界遗产大会开始正式确定它是一个值得讨论的项目。可以看到，实际上在概念形成之前，世界遗产的项目中已经有了文化线路。在这之后，这个概念进一步受到关注。2004年的时候ICOMOS做了一个缺口报告，缺口报告就指出，我们的文化遗产中有五个类型受到了忽略，包括文化线路，这应该在今后的世界遗产申报中予以重点关注。与此相对应，第二年的《操作指南》就把文化线路的概念进一步做了强调。在第四十七条申报类型里，专门给出了文化景观、历史城镇，还有传统运河和文化线路四个重要类型的定义。文化线路此后在申报中就会有一个专门的类型。这个专门的类型有它自身的特点。第一是强调动态，强调交流，强调时空上的连续性。第二它还是一个整体，不因为是一个线路而断续。第三，强调国家或地区间的交流和对话。这一点大家也是要关注的，它不是一个小街区或者是一个局部城市内部的交流对话，而是一个跨区域的，甚至跨国家的交流。第四，它是多维的，可以是宗教的、商业的，或者政治的等。ICOMOS很快就在2008年出版了文化线路的宪章，它也强调了刚才前面一个文件里所提到的特点，它必须是特定目标的，即文化主题要明确，不是所有的事都可以混杂在一起作为一个文化线路。时间上，它要有交流；作用上，它是促进人类发展的。最后，它必须在一个动态的系统中。

第二，我讲一下这个类型的几个基本特征，第一个是动态特征，具体我就不展开了，可以理解为它与平时的纪念性建筑不同。第二个，它一定有时空的连贯性，这个也是在做线路遗产时候需要注意的。第三个，这个线路上不论有多少个要素，它结合之后一定有一个整体性的文化意义。就是说它的文化主题是明确的，而不是含混的。第四个，它是跨区域的，不是小规模的。还有一个建议给翻译，"road"这个词在文化线路里我们一般叫它廊道，而不叫小径。最后，它的功能是多样性的，可以是宗教主题、商业主题、政治主题或者综合的主题。这是它的一些基本特征。现在已经列入世界遗产的文化线路应该已经近十条了。它们的主题可以是不同的，也可以是综合的。

接下来我就简单介绍一下我们2014年最新通过的项目。这里要区分两个概念，一个是丝绸之路的大概念，我们2014年申报成功的则是丝绸之路整个大概念里的一段。作为世界遗产，它是一个项目。因为丝绸之路最初在策划申遗的时候发现整个路网长达上万公里，长度是 3 万公里，宽度达到 3000 公里，这么大一个路网涉及了 28 个现代国家，所以把它作为一个世界遗产来一次性申报是不具备可行性的。在这种情况下，世界遗产 ICOMOS 组织做了专门的对策，把它划分成廊道，就是刚才一再提到的"road"。这里，我们先讲一下丝绸之路本身的概念。这是联合国给出的概念：东西方文明与文化的融合、交流和对话之路，近 2000 年来为人类的共同繁荣做出了重要的贡献。这样说其实对我们的过去、今天和未来都有意义，我们研究遗产，研究文化线路，不仅仅是为了了解我们的过去，更重要的是它对我们的今天和未来都有很重要的借鉴意义，可以让我们知道我们的文明是怎么过来的，怎么发展的，有哪些特征，今后走向哪里。

这个遗产非常大，可以按照现在中国的语境拆成两半，一个是陆上的丝绸之路，是现在提出的"一带一路"里的"一带"。公元前 2 世纪到 16 世纪，这个路网，刚才说了东西 3 万公里，南北 3000 公里，规模非常庞大。它有各种起因，我在这里不再展开。总之，它促进了亚欧大陆的整个社会的发展。同样，我们现在语境中还说到海上的这条路，在中国叫作"一路"，它的时间跟陆上是同期的，也是始于中国汉代，但是它的兴衰时期、阶段和陆上有所不同。它的起因跟海洋的特征、气候特征、贸易和航海技术有更多的关联。它促成的不是亚欧大陆的发展，而是各大洲之间长距离的贸易和文化的发展，所以文化线路的作用是非常巨大的。同时也可以看到，从陆上丝绸之路到海上丝绸之路，它的兴衰是有更替的。两个路线并存，陆上兴起得早，海上兴起得晚一点，开始是游牧文明和农耕文明的关系，后来就是农耕文明和海洋文明的关系。传播工具从马和马车到船，两条线路发展的动因都有不同。这个庞大的路网可以说促进了各大洲之间非常可观的贸易发展和文明发展。交流的内容也很丰富，这里也不再展开。

下面就介绍一下我们做的世界遗产申报项目，全称叫作"丝绸之路：长安到天山廊道的路网"。它是整个线网的一段，但是这一段的规模也很可观了。它位于丝路的东部，连接的是中原文明和七河地区之间的文明。中原文明好理解，七河地区其实是中亚地区一个阶段性的区域中心，叫文明次中心。这条线路两端都有一个文明。这条线路以北是游牧地区，以南是农耕地区，所以它的沟通也贯穿了南北。我们现在把这个区域做一个切分，认为它由四个路段组成，这四个路段的区域空间其实是贯通的。其中的遗产点分布在三个国家，中国、哈萨克斯坦和吉尔吉斯斯坦。一共有 33 个遗产点，这些遗产点分布在全长 8700 公里的路网上。

　　长安城是中国汉代的政令中心、政权中心。未央宫遗址建造于公元前 2 世纪。从它开始，中国一共有 22 个遗产点，吉尔吉斯斯坦有 3 个点，哈萨克斯坦有 8 个点，构成了 33 个点。这个点意味着丝绸之路整个东方的开端，也是一个文明的代表。与此同时的有汉魏洛阳城，它是公元 1 世纪的，也是中国中原政权的中心。还有 7 世纪唐代长安的大明宫遗址，接着是隋唐洛阳的定鼎门遗址。还有公元前 1 世纪在新疆就开始建造的高昌故城。再有新疆的交河故城，公元前 2 世纪就开始营造，最早属于游牧民族的车师人，后来就变成了汉政权经营西域的据点。北庭故城是天山北边的政治经济中心和交通中心，当时作为中原政权的一个都护府。从石窟来看，从 3 世纪开始有佛教石窟的传播，最西端中国的佛教传播物证是克孜尔石窟。接下来是苏巴什佛寺，它是 3 世纪之后的。再往中原地区，到 4 世纪开始是炳灵寺（石窟），在甘肃。接着是 5 世纪的麦积山（石窟）。接着是彬县大佛寺，已经靠近长安郊区了，它是 7 世纪的一个佛寺。到长安城，7 到 12 世纪都建有佛寺，如大雁塔、小雁塔和兴教寺。另一种类型是关于交通的，在文化线路上是重要的遗产点、遗产要素。第一个是新安的函谷关，建造于公元前 2 世纪。函谷关的路上还留有崤函古道，杜甫的诗《石壕吏》就是写在这个地方，它也是建于公元前 2 世纪，至今仍有汉代的车辙印保存了下来。

　　接下来是锁阳城，唐代以后一直作为军事用的戍堡。还有悬泉置遗址，虽然非常小但是很重要，它是整个汉代交通邮驿系统的稀有物证，公元前 2 世纪就存在。

　　玉门关可能大家都比较熟悉，尤其是下面的河仓城是储备粮食的，跟玉门关是配套建筑。它们都是汉代公元前 2 世纪的。

　　很值得关注的是克孜尔尕哈烽燧，它是整个西域地区烽燧线路遗存的代表，也是汉代的。中国还有一个张骞墓，张骞是开通丝路的伟大凿空者，是具有很高精神品质的人。

在哈萨克斯坦有8个遗产点，比如开阿利克，这8个多数是贸易形成的据点，规模都比较小。

卡拉摩尔根遗址和塔尔加尔，则已经算比较完整的了。

阿克托贝的整个遗址都在草原中，是草原中因贸易发达而形成的聚落点，最后慢慢成为一个定居点。这些遗址可以说明人类的聚居活动是如何从不定居转变为定居，其实贸易也促进了这个行为。

此外，还有库兰遗址和塔拉斯流域的贸易城市科斯托比。

接下来是吉尔吉斯斯坦。它只有3个点，但这3个点都是当时区域性的政权中心，规模比哈萨克斯坦要大。比如新城，比如碎叶——李白的故乡。当年李白之所以说"低头思故乡"，是因为他要回到故乡非常远，长安到碎叶有好几千公里。还有巴拉沙衮，喀喇汗国后期的都城。

从这33个点来看，如何评价丝路的遗产价值？我们主要从长距离交流、交通的重要性来研究它对人类文明发展的作用。最后我们归纳出了四条标准：该线路促进了人类文明、亚欧大陆间的交流；又见证了很多历史的阶段；还展现了人地关系，即人们如何在长距离的交流中利用自然的地形、气候进行一些创造；最后是关联，内容很多。ICOMOS在评估报告里指出，提名文件清晰地说明了将每一个遗产纳入提名的基本原理——你的理由是什么，为什么是它不是别的？另外，ICOMOS说整个探索应该是一个重要的里程碑，并且还为未来丝绸之路的申报奠定了基础，可以说在理论上形成了完整的体系。2014年的6月26号，在卡塔尔由其公主敲锤，宣布这个遗产成功列入世界文化遗产名录。

那么我们自己真正要思考的是什么？这里跟大家分享一下。一共33个遗产点，分布在三个国家，凭什么说它是一个遗产，是一个完整的遗产，而且是一个具有整体性的完整遗产，这就是一个挑战。这么多遗产时空范围怎么界定？也被ICOMOS认为是一个非常大的理论挑战，他们专门做了两年的主题研究报告。

在这个报告里，ICOMOS 把整个丝路上万公里的路网分成了 52 条廊道，每一条廊道有一段一段的点包含在里面，但它不是连贯的。可以看到，涉及中国境内的一共有十段，都编了号，但是它有一个特点是节节断裂。从长安开始，走到玉门关就断了。真正从新疆开始往哈萨克斯坦、吉尔吉斯斯坦通的时候，就只能从库车往外通，所以这是一个很难叙述的文化故事，它从哪来到哪去就说不清了。为此，我们对它进行了地理文化的分析。

在这条线路上有不同的地理气候区块，例如天山廊道，横跨了不同的气候，并且主要是在两个不同气候的交界地带，北边是游牧文明，南边是农耕文明，这就是它一个很大的特点：两个文明的交接地带。这其中还涉及了非常多的人种和政权。可以看得很清楚，从中原一直到中亚。凭什么说这条路线它是一条完整的路线，不能更长或者更短？我们在理论上做了一个探讨。我们用地理文化作为一个基本概念去切分它，最后分成了中原地区（黄河中游地区）、河西走廊、天山南北和七河地区四块基本的单元。

这四块单元是互相关联的，就像热传导一样，它们互相有接触，然后有影响，再然后把它们的影响传递给下一个地区。

第一块中原地区一共有 13 个遗产点，这块地区是中国中华民族文明缘起的传统地带。生业主要是农业。可以看到地理景观黄土高原，非常壮观，也很有特色。

第二个区域是河西走廊，这次申报里列了 5 个点，其民族和文化内涵也是很有特点的。地理景观是两个高原之间的盆地，例如张掖，其两侧都是大沙漠，还有很多雅丹地貌。

第三个区域是新疆地区，它的南北一是塔克拉玛干沙漠，一是准噶尔沙漠，所以它的气候和生业可以分成天山南北，这也是一个地理上的概念。这个区域包含了 6 个遗产点，具体内容不一一赘述。从地理、地貌来讲，它有盐壳，有罗布泊的景观，有高山草场等。

最后到了七河地区，这个地区包含了哈萨克斯坦和吉尔吉斯斯坦一共 11 个点。这个地区是一个草原，纯粹的草原地带，所以它的生业一直以游牧为主。这里的

11 个点也分别代表了他们的历史过程。它的景观特征是高山湖泊，跟新疆不一样，跟甘肃和中原就更不一样。所以从大的环境来切分地理文化单元是一个很好的方式。这四种独特的人文地理区域就构成了整个天山廊道的时空关系。曾经就有人问，中原以长安为起点，大家没有异议，这是一个古老文明的中心，七河地区为什么以塔拉斯河谷之前为端点？分析历史可以发现，东亚的帝国势力从来最远就是到塔拉斯河谷，唐代高仙芝的那次远征失败以后，中国的势力就再也没有往西挺进过。同样，阿拉伯国家往东扩展的帝国势力也从来没有超越过塔拉斯河谷。我们突然发现这里其实是一个大的历史文化分界点，所以这条线路非常完整。这就说明了它的整体性，为什么是东在长安，西在塔拉斯。其中的各种地理、气候还可以细分为更多小的区段，但大的空间关系是完整的，他们各自的生业、民族特征、文化特征也都是鲜明的，互相有区别的。最终形成了一个整体，由四个不同的地理文化区域构成。

下一个问题是怎么说这 33 个点是一个遗产。首先是提炼出它们共同的整体价值。怎么来说明它整体价值是由 33 个点组成，而不是每个遗产点各自有各自的价值？我们是通过分类的手法来实现的。即对 33 个遗产的构成要素，依据遗址的历史功能来分类。

33 个点现在按历史功能分了五种类型，第一种是中心城镇，第二种是商贸聚落，第三种是交通防御设施，第四种是宗教遗迹，第五种是关联性遗迹。

第一种类型：中心城镇，在整个线路从东到西都有分布，它们是整个交通路网的供给和传播内容的中心。线路是动态的，它内在的结构通过从东到西的功能分类来支撑。它传播的内容，有城市规划上的思想，不同的规划风格，还有不同的建筑风格，从东到西有很多类型，有佛教的、伊斯兰教的建筑风格，还有很多不同的功能，有军事的、陵寝的、宗教的等等。作为一个城市，它会传播很多相关的东西。

第二种类型：商贸聚落，主要分布在哈萨克斯坦，是商旅集团按照每一天的行程逐步形成的据点。这种点在中国境内比较少，因为中国境内农业定居比较成熟，所以没有因为商贸而产生独立的定居点。但是我们的各种中心城镇，甚至佛寺都支撑商贸的活动，开展商贸的交流交易，所以这些活动也分布在整个线路上。交流的内容既有从东往西的，也有从西往东的。

第三种类型：交通防御设施，包括军事防御。有专门的交通功能遗产点，也有同样具备交通防御功能的一些点，整个路网的南北都有，它们之间也存在着动态的关系。还有很多其他功能的设施也存在这个功能，这些都是天山廊道分布的各种交通设施。在现有的世界遗产名录中，这次申报的天山廊道的交通设施的类型是最丰富的，这也是中国整个交通路网建设的特点。

第四种类型：宗教遗迹，如石窟或寺庙。线路上有两个重要的石窟，一个是敦煌莫高窟，一个是中原的龙门石窟。整个线路从西往东，是一个完整的传播。它首先是从西往东，但最后又从东往西进行传播。包括最西的吉尔吉斯斯坦，都有中国中原的佛教遗迹。所以整个路网上，宗教的传播是非常厉害的。传播的内容以佛教为主，但同时线路上有多个民族，存在着各种各样的宗教内容，非常丰富。这些都是这次申报的物证，在遗址点上有的。

最后是关联性的，这里就不介绍了。

总而言之，我们是根据遗产历史功能的分类来建立它对整个遗产价值的支撑。可以看到，建立的整个关系是立体的，既有东西两方面，也有南北两方面。我再回顾一下关联性，第一个是利用了地理文化单元的概念，从生业、住居方式、习俗文化、宗教信仰这些要素之间的关联与差异来建立内在的整体性。第二个是强调了交流的轨迹，即文化线路的特点，动态和交流。根据交流的时序，可以找出它存在一个整体性。

When the Cultural Routes Provide a Reading Grid that Allows to Understand the History of Europe
—the Example of Cluny Abbey and its European Network

从文化线路中阅读欧洲历史
——以克吕尼修道院及其欧洲网络为例

欧洲克吕尼修会古迹联盟主席　克里斯托弗·沃罗

Mr. Christophe Voros, President of French Federation of European Cultural Routes

Firstly, I would like to thank you warmly the ICOMOS–Wuhan team for this invitation and for the welcome. I've been here in China for already six days. And I get the impression of knowing all of them for already six weeks. It's the first quality of heritage to bring people together. If we could find a second quality, it is to gather people beyond the borders.

The cultural routes I represent is called Cluny Abbey and Cluniac sites in Europe. Cluny is a Benedictine abbey founded in the early 10th century in Burgundy, France. During the middle ages, Cluny became a major center of European civilization, resulting in the emergence of development of over 1800 sites across Western Europe. The Council of Europe considers since 2005 that this great abbey by reaching out behind political frontiers contributed to the imagines of feudal Europe and played a major role in the establishment of a culture that was common for several European regions. That's why this federation of Cluniac Sites is officially recognized as an European cultural route.

But what does it mean, European cultural route or more precisely cultural route of the Council of Europe? This cultural program was launched by the Council of Europe in 1987. The reason is to give the European citizens the consciousness of their common history by means of a journey through space and time, demonstrating how the heritage of the different

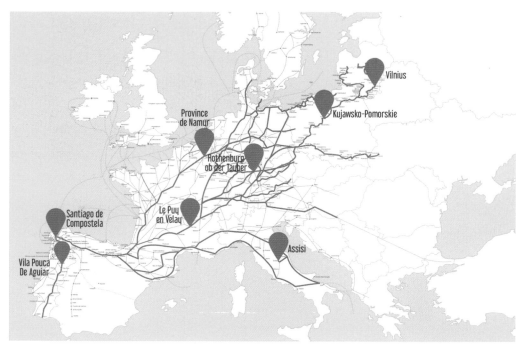

Figure 1   First route : Saint James Way

countries and cultures of Europe contributes to a shared cultural heritage.

The first recognized route was the Saint James Way in 1987. This is a medieval pilgrimage route to Santiago de Compostela in Spain, which crosses many countries. The starting point of the concept was an observation over centuries that European people were great travelers. They were so because they were building networks or influenced or working for religious pilgrimage. It is also because they traveled to study in universities and to develop commercial activities or to find work. During these moves, these travelers carried with them their ideas, their beliefs, their way of working, building and farming. Nowadays, rediscovering these routes is a wonderful way to know our past and to understand how the European civilization was formed and to understand on which way ideas, arts and techniques spread out from our society, European society, I mean.

Since Saint James Way, more than 32 routes have been recognized of pilgrims routes, also networks of historical sites such as Cluniac Monasteries and Cluniac cities.

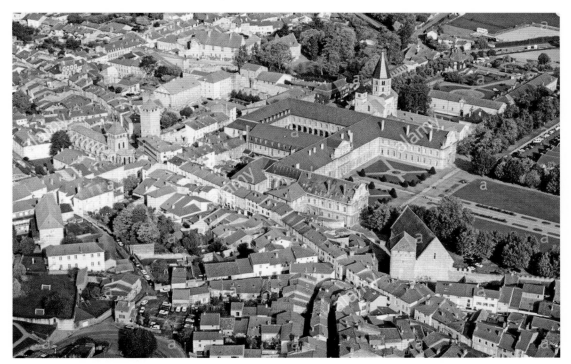

Figure 2   Cluny Abbey

This approach is very different from that of UNESCO and the World Heritage, because the UNESCO seeks to encourage the identification, the protection and the preservation of cultural and natural heritage around the world, considered being of outstanding value to humanity. We can see that the two approaches are distinct: UNESCO and states act on a global scale founded on identification and protection of heritage considered exceptional, and the Council of Europe acts for the animation and the value of a networked heritage to promote European identity. Therefore, we might consider that the cultural routes give meaning to heritage. And because the Council of Europe doesn't want it to be just tourists—interested in these places. They want it for inhabitants, young people and all those to whom these heritage can speak. For this reason, Cultural routes act in five fields of action, but let's go back to Cluny and Cluniac sites to understand what these routes do in fact.

Cluny is a small city, a village for Chinese people, a street for Wuhan, with only 5000 inhabitants and the same size as 1000 years ago. But in the heart of this village, a very large monastery was built. The reason why this abbey building was so huge is that Cluny was a

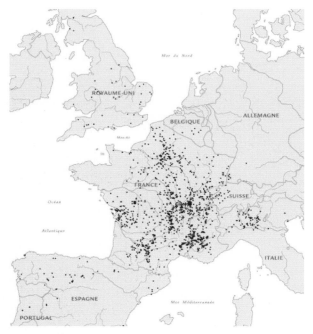

Figure 3　Cluniac Sites

capital. Indeed, the Cluny was known in medieval Europe as a second Rome. It's a great church that had been for centuries, the largest religious building of medieval Europe. And the heritage handed down to us by monks extends beyond the built heritage.

On over 1800 sites, including monasteries, castles, villages, towns, vineyards, mills, objects and figures are preserved, such as musical schools, treaties, furniture, works of art, etc. Today these cultural routes gather 200 sites in 7 countries and work with private owners and local authorities and of course national institution. The European federation of Cluniac Sites promotes this common heritage, serving as a tool for understanding for a shared European history.

We have a cooperation in research and development. The story of Cluny fosters us to use quickly new technologies, because the very big church in Cluny was destroyed in the beginning of the nineteenth century. Today, only 10 percent of these extraordinary buildings remain. So our project called Clunypedia is to use new technologies to compensate for the roles of buildings and recreate. So we can see the white building here is recreated. And the church is regulated too. This data constitution is a challenge for engineers, historians, and archaeologists.

The second activity is enhancement of memories, history and European heritage. Our team, with other universities jointly applied all the Cluniac Sites in Europe. We have a website, a platform in 3D, on which we can find a large map, European map, with all the Cluniac Sites. We created a 3D modelling in all over Europe of Cluniac artifacts,

Figure 4　Cluny kids

with specific tools, our platform online is very useful for researchers and for tourists too. Clunypedia is a platform that helps us to create apps for visiting the Cluniac Sites all around in Europe.

　　The third activity is cultural and educational exchanges for young Europeans. It is a priority for France, with a program called Cluny kids.

　　Fourth, it's important for us to inspire young people through their common heritage and also contemporary cultural and artistic practice. Cluniac sites are places where music was playing to pray. Our cultural routes have chosen to develop this usage.

And the fifth is cultural tourism and sustainable cultural development, of course. At last, our network must develop tourist exchanges with the hiking tourists. That is a very, very important way for us to discover all the sites. We organize our network and organize journey that are necessary to understand how history resonates with all the other.

So, to be effective, European cultural route must: involve local actors and inhabitants, gather historical sites or places far from each other, working with a lot of sites from different countries, and make the sites resonate with others to be a place that make sense to them.

Each country must choose the philosophy of its cultural routes according to its history and its own culture. But it's, firstly, the link between population and heritage makes sense. This is the main system ability of these heritage. Thank you for listening.

中文翻译

首先，我衷心感谢武汉团队的邀请和欢迎。我在中国已经六天了，但我感觉已经认识他们六个星期了。把人们聚集在一起是遗产的首要特征。如果我们能找到第二种特征的话，那就是遗产能把来自世界各地的人们聚集到一起吧。

我为大家介绍的文化线路是欧洲的克吕尼修道院和克吕尼遗址。克吕尼是 10 世纪初建于法国勃艮第的本笃会修道院。在中世纪，克吕尼成为欧洲文明的主要中心之一，留下了跨越整个西欧的 1800 多个遗产地。欧洲委员会认为，自 2005 年以来，这座伟大的修道院，超越政治边界，对欧洲在封建时期的形象构建做出了贡献，并在构建欧洲各地区的共享文化上发挥了重大作用。这就是克吕尼遗址联合会被正式确定为欧洲文化线路的原因。

但是，欧洲文化线路，或者更确切地说，欧洲理事会的文化线路意味着什么？这个文化项目是由欧洲委员会于 1987 年发起的。其原因在于通过穿越时空的旅行，使欧洲的市民们意识到他们的共同历史，展示欧洲不同国家和文化的遗产如何促成了"共享遗产"。

第一条路线是在1987年确认的圣詹姆斯之路。这是通往西班牙圣地亚哥·德·孔波斯特拉的中世纪朝圣路线，途经许多国家。这个概念的出发点是由于观察到几个世纪以来欧洲人都是伟大的旅行者。而这是因为他们当时正在为宗教朝圣而建立网络，或受其影响，或为其工作，也有的人是因为要远赴外地的大学求学、发展商业活动或寻求工作机会。在这些行动中，旅行者们带去了他们的思想、信仰、工作方法、建造方法和农作方法。如今，重新发现这些路线为我们提供了一个极好的方式来了解我们的过去，了解欧洲文明如何形成以及思想、艺术和技术是如何从欧洲社会传播出去的。

自圣詹姆斯之路以来，已有32条线路被确认为朝圣线路，还有一些历史遗址网络如克吕尼修道院和克吕尼城市。这种方式区别于联合国教科文组织和世界遗产，因为联合国教科文组织是设法鼓励在世界各地识别、保护和保存被认为对人类具有突出价值的文化和自然遗产。我们可以看出，这两种方式是截然不同的：联合国教科文组织和各国在全球范围内行动，其基础是识别和保护被认为是特别的遗产，而欧洲理事会则致力于遗产网络的活化和价值，以进一步加强欧洲认同。因此，我们可以认为文化线路赋予遗产以意义。而且因为欧洲委员会希望对这些地方感兴趣的人群不局限于游客，还囊括到当地居民、年轻人和所有能与这些遗产交流对话的人们。鉴于此，文化线路在五个领域扮演角色，但是我们先回到克吕尼和克吕尼遗址，去理解这些线路实际上做了什么。

克吕尼只是一个小城市，就像中国的一个村庄、武汉的一条街道，它只有5000居民，面积与1000年前一样大。但是在这个村子的中心修建了一座大型修道院。这座修道院之所以如此巨大，是因为克吕尼曾经是首都。的确，克吕尼在中世纪的欧洲被称为第二个罗马。这个非常好的教堂，几百年来一直是中世纪欧洲最大的宗教建筑。这座由僧侣传到我们手上的遗产，早已超出了建筑遗产的意义。

1800多处遗址中，包括修道院、城堡、村庄、城镇、葡萄园、磨坊、文物和人物、音乐学校、条约、家具、艺术品等都得到了保护。如今，这些文化之路聚集了7个国家的 200 多处遗址，与私人所有者、地方当局，当然还有国家机构合作。欧洲克吕尼遗址联合会提倡这种共同遗产，作为了解欧洲共同历史的工具。

我们在研发方面有合作。克吕尼的案例促使我们迅速使用新技术，因为克吕尼的大教堂在 19 世纪初被摧毁。如今，这些非凡的建筑只剩下 10%。所以我们称克吕尼百科的项目是用新技术来起到弥补建筑和重建的作用，所以我们可以看到这里的白色建筑这样被重建了。教会也受到监管。这些数据体系对工程师、历史学家和考古学家来说是一个挑战。

第二项活动是对记忆、历史和欧洲遗产的加强。我们的团队和其他大学联合把这项活动应用在了欧洲所有的克吕尼遗址。我们建有一个网站，是一个 3D 的平台，在这个平台上，我们有一张大地图，是一张欧洲地图，上面有全部的克吕尼遗址。我们使用专门工具创建了全欧洲范围的克吕尼工艺品的 3D 模型，我们的在线平台对于研究人员和游客都非常有用。克吕尼百科这个平台能有助于我们创建一些参观游览全欧洲的克吕尼遗址的应用程序。

第三项活动是欧洲青年文化教育交流。这是法国的一个优先项目，名为"克吕尼儿童"。

第四，通过共同的文化遗产和当代的文化艺术实践来激励年轻人，这是很重要的。比如克吕尼遗址教堂祈祷时要演奏音乐。我们的文化线路发展于是选择与这种做法相结合。

第五是文化旅游和文化可持续发展。最后，我们的克吕尼网络必须发展与徒步旅行者的旅游交流。这是我们发现所有遗址的一个非常重要的方法。我们组织我们的网络和旅行，这是理解历史如何与其他所有人产生共鸣所必需的。

因此，要想取得成效，欧洲文化线路必须能够做到：让当地的参与者和居民参与进来，整合那些可能离得很远的历史遗迹，与许多来自不同国家的遗址合作，并使这些遗产地之间产生共鸣，成为对彼此有意义的地方。

每个国家都必须根据自己的历史和文化选择自己的文化线路哲学。但首先，人和遗产之间的联系是有意义的，这是这些遗产的主要系统能力。谢谢大家的聆听。

北京的城市复兴

"城市复兴"理念与实践

2002 年，我首次在国内提出了"城市复兴"的概念，并且就此发表了一篇文章。此后从 2004 年起，我们实际探索了这一理论在北京及国内其他城市教学和实践的发展情况。

非常有幸的是，2004 年我们首次参加了前门大栅栏地区的保护整治规划。此工作由我具体负责，这也是国内第一个以城市复兴为主题的实践活动。活动一直持续到现在，非常荣幸我作为责任规划师和总规划师在 14 年里一直跟进项目，我们也取得了非常多的成果。由于我们不断的努力和推动，到 2017 年的时候，在北京总规的编制过程当中，我们也参与了整个过程，并配合北京市规划院，跟北京市委市政府领导座谈。在最后文本敲定以前，由于我们的建议，把北京的"旧城更新"改成了"老城复兴"，这是一个有着深厚内涵的变动。"旧城"与"老城"不同，从"更新"到"复兴"，也是内涵很不一样的转变。

2017 年，北京市委书记蔡奇在讲话中指出，老城的整体保护与复兴是一项历史的工程。这也是把北京的"旧城更新"转变为"老城复兴"的新时代，具有划时代意义。

在过去的十余年，我和团队在不同的区域，有选择性地做了很多的理论探索和实践。

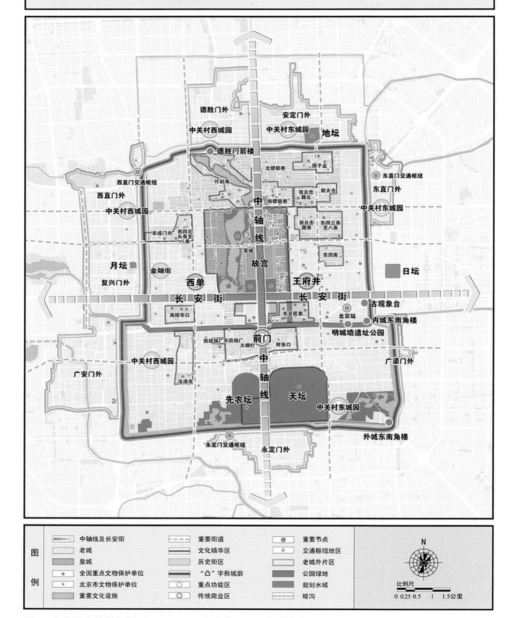

图1 北京城市总体规划（2016—2035年）核心区空间结构规划图

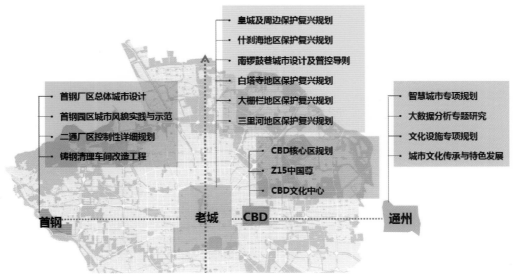

图 2 实践区域

我们主要的工作区域包括老城的主要部分、西部距离老城约 20 公里的北京市首钢工业遗产的部分，以及距离天安门 25 公里的北京通州副中心的老城部分，还包括北京 CBD 的核心部分。在过去十余年时间里，我和团队亲力亲为做了一些具体工作。

对于其中皇城周边的工作，我们按照最高领导人的要求，畅想了 2035 到 2050 年的一个北京皇城愿景。大家如果关注到细节，就会发现故宫周边的一些多层建筑已经取消了，北京皇城的护城河体系的整个水系得到了恢复。这是我们为未来北京的老城和皇城所描绘的愿景。

此外，还有一些重要的街巷，包括南锣鼓巷、什刹海以及大什刹海区域，其修复工作都有我们的身影。前门东侧区域的规划、三里河的修复、白塔寺区域修复以及首钢旧址的规划，都是我们过去十余年工作的范围。

下面将通过实践案例来简单回顾一下我们过去所做工作的具体内容。每一项工作都是经历经年累月的积累，都是成百上千页报告、图纸的综合。

北京老城·故宫周边

首先是故宫周边和皇城周边。我们从七八年前开始参与故宫周边环境的整治工作，而近些年来我们主要的精力则放在故宫两侧的南北长街和南北池子上。在南北

图 3　皇城及周边 政务环境优良、文化魅力彰显

长街，我们主要配合疏解整治促进提升，现在已经开始进行全面的征收，将为中央政务区服务。在南北池子，我们正进行的是 21 条胡同的梳理工作。

我们的定位是：未来的皇城在北京的总规当中有一定的描述，设计皇城为首都功能核心区的示范区和先行区，是首善之区，是中央政务的一个核心区。

我们现在工作的区域包括故宫周边两侧，一个是南北池子，一个是南北长街。南北长街有一个特别特殊的意义，它位于中南海的东门外，紧邻故宫西侧。在故宫西侧的南北长街，我们计划打造一个中央政务的核心示范区。因此我们梳理出了一条长街、六大组团，以突出政务职能、国际交往、文化交流和展示功能。此建议已经被相关机构吸纳，现正在对其中 800 户居民住房进行征收工作。

在故宫东侧南北十字片区，我们提出了一个片区、三条大街、七大组团、多文化节点的历史文化特色规划。故宫周边有八个庙，我们谐音称作故宫的"外八庙"，不过这"外八庙"与承德外八庙不是一个概念。

对于这一片区，我们计划突出其政务功能、国际交往功能及其对历史文脉的传承。同时，这是我们国家最高机关领导的居住区，我们将提供一个静谧、宜居的环境。

在这一部分的工作规划完成之后，我们又进入到街区的一些导则的编制和一些重要的建筑设计工作。

现在，我们又受西城区委区政府的委托，做西城区的西长安街街区的街道空间梳理工作。这个街道号称"天下第一街道""中华第一街道",因为其平方公里的范围紧邻故宫和中南海。对此,我们提出了一个非常完善的街区整理计划,以涵盖其功能、业态、空间、风貌、秩序和精神。我们在西长安街道这4平方公里的工作模式,如今在整个西城区的范围内也已全面铺开,这跟原有的行政划分有一定的区别。

我们的另一实践工作是目前正在推动的北京老城鼓西大街的复兴计划,这也是第一次在一条街道上提出鼓西大街的复兴计划,此前都说"规划",而此次我们提出了一个三年计划,是因为这条街有特殊的意义,它是北京唯一一条经过人工规划设计的斜街。这条斜街从元代至今有将近800年的历史,总长1.5公里。我们不仅设计了这条斜街的整治方案,同时还向两侧延伸,特别是对什刹海周边区域,包括人工步道的延伸设计工作。什刹海的人工步道和西海的湿地公园,都已于2018年10月正式面向公众开放。

2017年,此工作一经提出,就受到各方面的关注,首都所有的媒体都以头版头条报道,中央的新闻联播也进行了报道。

此外,我们的另一个工作是已从事近14年的北京大栅栏和三里河的工作。2017年6月,北京评选了北京的新十六景,涵盖了北京的十六个区,一区一景。其中第一景(东城的"正阳观水")以及第二景(西城的"古坊寻幽"),我和我的团队非常有幸主导完成的。

上面多次提到我们从2004年开始参与的大栅栏的工作,从2004年到2009年左右,先后完成了整个1.26平方公里的大栅栏保护区的规划和城市设计的工作,包括一些历史街区的修复工作。从2011年开始,我们主要的精力聚焦在离天门广场的边界仅200米、离天安门仅800米近的一个历史街区的复兴工作。这是北京市最为敏感的一个历史的、商业的街区。它的复兴工作现已完成,随后即被北京市委市政府誉为"北京老城复兴的金名片"。

这一历史街区内有多处国家重点文物保护单位,包括劝业场和谦祥益;有多处市级文物保护单位,包括交通银行和盐业银行。这一街区700多年以来就是商业街区,包括廊坊的头条、二条、三条以及大栅栏街区。在1900年到1920年期间,三次大火使得当时的中式建筑遗迹全部荡然无存。后来于 1920 年代逐渐建成的建筑，基本上是中式建筑和当时西方建筑的一种混合，大量的西方古典建筑在这里出现。经过我们从 2011 年到 2017 年近七年的不断努力，该街区已经完成修复。如今已是北京市最"网红"的商业街区，充满历史特色。其中有 24 小时营业的 PAGE ONE 书店以及中国最大的星巴克旗舰店。

北京老城·南锣鼓巷

从 2012 年开始，我们参与南锣鼓巷的工作。南锣鼓巷是北京迄今为止保存最为完整的居住街区的一个肌理，从元代至今基本上没有变过。整个范围大概 80 公顷，它是里坊制度下形成的一个空间格局，包括一条主街以及周边的 16 条胡同，保存得非常完整。国家领导人习近平总书记幼时即是在这里成长。习总书记 2014 年第一次以国家领导人身份视察北京的时候，说过一句话："那时候一放下书包，就跑

图 4 南锣鼓巷 延续街巷肌理，恢复胡同宁静

到什刹海的冰场去滑冰。"由此可以看出习总书记对这里深怀感情，2014 年还专门对这里进行了视察。

对于整个街区，我们提出的大的理念是以"减法"为主，因为这个街区的功能仍以居住为主。因此我们希望能还原味道、突出特色、提升品位。

我们在 2012 年完成了对整个街区的评估，后来进行了整体的城市设计，之后又提出了管控导则。这是对北京老城提出的第一个管控导则，也是北京市的第一个管控导则。导则于 2016 年 12 月由东城区委区政府和东城区人大开会进行颁布。在这之后，北京的老城基本上进行了导则的全覆盖工作。

在管控导则颁布之后，我们又对 787 米长的主街进行了梳理。主街以商业街为主，我们将其中的商家数量从 200 多家减少到 150 多家，这是在区委区政府的强力引导下执行和落实的。这里曾经一度由于人头攒动，其 C 级景区有被摘牌和主动摘牌的。但经过一段时间的提升，现已恢复到一个更好的、新的高度。

完成对主街的规划设计之后，我们又对一些院落进行了试点规划。我们基本上实现了从宏观到中观再到微观的试点，实现了对城市的全覆盖。我们还做了一个试点院落的样板。

同时，我们现在还在配合中轴线的申遗工作，原来我们是主要是对着北中轴，现在我们注意到前门大街的两侧 60 公顷的商业步行街，也跟中轴线申遗有密切关系，我们也会将其纳入中轴线申遗的考量之中。

我们不仅在推动三里河水系的恢复上获得了成功，而且还继续在不同的点挖掘，未来可能继续推动皇城当中其他一些水系的恢复，如我们现在正在设计的西板桥以及从北海东门一直到故宫的筒子河，我们也在对其进行前期研究。未来，前门外的护城河和皇城东侧的护城河，其水系都可能得到恢复。

对于西板桥的小河水系以及从北海东门到故宫筒子河的水系，其设计方案已经完成。

图5 什刹海 降低人口及商业密度，营造滨水空间活力

北京老城·什刹海

在2018年国庆节，什刹海刚开通的人行步道，对什刹海有非常大的提升和振奋作用。什刹海人行步道是北京市建筑设计研究院自2009年开始进行推动工作的，现在已经进行到对一些堵点的疏通工作。这些堵点原来被一些会所和大型餐饮机构所占用，导致游人无法在什刹海进行环湖走动。经过我们不断的努力，现在人行步道已经畅通。另外，南北广场的设计工作、荷花市场的改造工作不断推进，酒吧街的"脏乱差"问题也得到了一定改善。此工作将持续约三年时间，现在我们已经进入部分工作的工程设计阶段。

北京老城·隆福寺

此外，北京老城中还有一个重要的文化基地——隆福寺。隆福寺位置特殊，它位于王府井大街北端，周边有大量的文化设施，包括"人艺"、嘉德和中国美术馆等。

隆福寺原有老北京非常重要的一个庙会，也是最繁荣的一个庙会。但后来因为一场大火，逐渐衰落了。如今我们承担着隆福寺整个片区将近40公顷范围复兴的规划设计工作。对此，我们提出了三大任务，包括政策研究、主要人口疏解政策以及规划研究及定位研究。同时也汇聚了三组专家，包括文化艺术专家、运营专家和

图6　隆福寺
营造高品质的人居环境，打造老城保护典范，树立城市复兴标杆

规划设计专家。

　　目前，第一步的工作已经完成，已向区委区政府进行汇报，并将向市委市政府进行汇报。

北京通州·三庙一塔

　　习近平总书记提出了"千年大计"和"千年之城"的概念。"千年大计"，指的就是通州副中心；"千年之城"，则是指雄安。但是我们认为，习总书记心目中真正的千年之城，仍应该是指北京，尤其是老北京部分。

　　北京有近3000年的建城史，到2018年则有865年的建都史。而通州则是大运河的起点和终点，因此通州的老城同样有非常重要的意义。我们没有挤破脑袋地去参与通州副中心的高楼大厦建筑设计的工作，而是集中精力对"三庙一塔"进行了梳理。

图7 "三庙一塔"核心景区保护整治城市设计
老城垣、西海子公园、文庙广场等节点设计

棕地复兴·北京首钢

武汉现在有联合国教科文组织工业遗产教席，结合此次的武汉之行，我想谈谈北京的工业遗产——首钢的规划和设计。

首钢越来越受到各方面的高度瞩目。就在昨天，北京市委市政府在首钢召开了一年一度的北京市政府的驻外使节招待会，此次招待会有300多名驻外大使参加，包括外国驻华大使和大使馆的公使衔参赞。

我们非常欣喜地看到，2017年，北京市委市政府的招待会是在北京坊召开的，正好位于我们恢复的大栅栏区域；2018年的市政府招待会，又是在我们参与规划的首钢地区召开的。这让我们这些专业技术人员有一种幸福感，同时也给了我们更大的责任感。

由于我们工作的推动，包括2009年的整体城市设计、2015年的整体风貌研究等，最终推动了首钢于2016年被确定为北京市2020年冬奥组委会总部的基地。

长安街以北区域2.8平方公里的首钢西侧，是以工业遗产保护和利用为主的。

图8　首钢主厂区　工业资源转型典范，北京城市复兴新地标

现在西侧的北端是冬奥组委会总部，西侧的南端为国家冰上运动集训基地。在2020年之前，冰壶、速滑等冰上运动都在此开展。在此区域东侧，也就是长安街延长线的东侧区域，是国际人才社区和创新工厂，也有大量的国家级实验室，未来将有大量的国际人才在此聚集。这2.8平方公里的区域将在2022年实现主体要件的完成工作，而这一工作目前是我们在主要参与。

前面的讲座中提到了纽约的高线公园。我们在首钢也设计了一个高线公园，我们称之为"首钢天际"。"首钢天际"是利用原有的管廊距地面14米的范围设计的一个步行道。在此步行道上，不仅能观景，还能跑步，并具有联络不同组织的功能。

CBD复兴·中国尊

最后，我想介绍一下北京的新高度——中国尊。这是在2010年由我带队中标，并且亲自命名的，是北京最高的建筑，2018年底竣工。这一建筑重新书写了北京CBD的天际线，也是目前北京最"网红"的建筑之一。

所谓的北京几大"网红"建筑或建筑群，一个是故宫。故宫是在任何的风霜雨雪或秋晴叶飘之时，你都能在网络上看到它的身影。另外一个是中国尊，还有一个是目前最"网红"的商业建筑——北京坊。首钢现在尚未对外开放，整个区域还是全封闭的，因为未来几年还要进行高度的建设工作。但我觉得，首钢将是北京下一个最"网红"的点。

图 9 CBD 核心区 北京城市发展新高度

图 10 尊——古代礼器

如今，北京市委书记已将首钢定位为北京城市复兴的新地标。北京坊则为北京赢得了"老城复兴的金名片"之誉。在这之后，我们又设计了北京 CBD 的文化中心，其结构也已经完成。

作为一名建筑师和规划师，一名专业技术人员，能这么深度地参与到一个城市复兴的历史过程当中，我们对自身的工作和贡献感到非常幸福和自豪。

图 11　中国尊　体现庄重的东方神韵和至尊地位

River and Heritage
河流与遗产

联合国教科文组织河流与遗产教席　卡尔·万增教授

Prof. Karl M. Wantzen, Chair Holder of UNESCO Chair on River Culture

Thank you very much, dear organizers of this conference, dear sponsors of this conference, for the kindness and for the courage to invite me to give you a talk on river culture, rivers as creators and conveyers of biological and cultural diversities. This is a picture of the Pira−Putanga, which means in the Guaraní language of the Latin American natives, the red fish.

So greetings from France, from the Loire valley. And this is what I see when I look out of the window of the little institute I am working in belonging to the University of Tours. You know, France is famous for cheese and wine, and I will talk a little bit about that in my talk and also about the excellent fish. The Loire is actually one of the last rivers in the entire Europe where fish still can migrate freely because there is only a limited number of dams.

We are living in a rhythm. Life is actually a dance with rhythm. It starts with the first rhythm that you hear is that of your mother, before being born, the heartbeat. Then we have rhythm in terms of minutes to hours, like Vltáva, die Moldau, from Bedrich Smetana. And we have annual and multi annual rhythms. Here you see different rivers of the world, their natural discharge patterns, and all water bodies in the world have discharge patterns or have water level fluctuations. Even lakes and ground water do. The water cycle, the flood pulse are defining the rhythm of our lives.

Figure 1   Pira-Putanga

Figure 2   Greetings from the Loire valley, France!

Figure 3   Aboriginal Water Calendar　（C）CSIRO

Figure 4   Egyptian Flood Calendar

I've shown you here two different calendars, one from the aboriginal Australians, and the other is an Egyptian flood calendar. And last night, during dinner, I learned also that Confucius has established rules, for example, for eating plants at the right period of the year. There were yearbooks that gave a certain rhythm to the annual cycle. And the Brazilian Pantanal wetland, which is a gigantic flat plain, they have annual hydrological seasons, the seca, the dry season, enchente when the water is coming, the cheia, the filling period, and then the vazante when the water level goes down.

The important thing is, for all organisms and also for men colonizing in this area, there are phases of richness and phases of poverty, and they are living in moments when these rich moments are happening. But we have forgotten about it. We have the supermarket and we are fed every day with the same stuff.

Culture means adaptations to a variable nature. The original Latin word from colēre, coleo, cultus comes from to cultivate, but also to cherish and to honor.

We have here this flood variation in a natural flood plain and then subsequently we have the fish that are produced and then here a picture showing that the inundation is the origin of the fertility. And it's the reason why so many people can eat fish in this area. In other areas we have drawn down cultivation or cattle raising on the dry farms and flood plain

Seca

Enchente

Vazante

Cheia

Figure 5   Non−linear dynamics "hot spots" and "hot moments"

areas. But this rhythm is not the same every year. We have variations as we have in music, for example, in Goldberg variations from Bach.

If you look at this scheme with the one hundred year flood maximum and minimum level of the Paraguay River in Latin America, so we have phases in which we have higher inundations and lower inundations. And these set the stage for specific organisms to live. So as we have a resonance in instruments, in music, we have a kind of resonance between the organism and a specific pattern of hydrology.

And this allows at the same place we can have in subsequent years different biotic communities which then are followed by different cultural use forms. In the river culture concept, we have put together these elements for both biological and cultural diversity. The river with its pulsing hydrology is at the origin, creating habit dynamics, timing and resource dynamics, which then translate into windows of opportunities or chances to use resources and

Figure 6

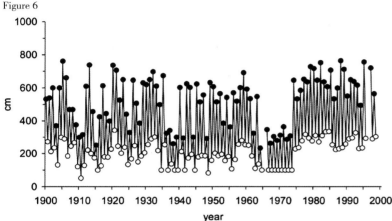

Figure 7　Rio Paraguay @ Ladário, Brasil（100 y min–max values, Wantzen et al., 2005）

windows of susceptibility, where organisms, including human beings, have to develop risk avoidance strategies.

　　River valleys are the cradles of civilizations. This is old knowledge. We know now that *Out of Africa* has not occurred there, where we still find the old skulls in the dry areas where they have been conserved, but rather along river valleys. Then, agriculture began in flood plains, and the wine plant is originating from river flood plains. And this has then been dispersed along rivers. If we look at a landscape gradient from the mountains to the sea, we have different biological but also cultural diversity patterns. In the upper most areas in the headwaters, small valleys are separated by mountain ranges.

　　We've seen this very clearly in the excellent contribution of Professor Chen Tongbin

Figure 8   Johann Sebastian Bach（Goldberg variations, BWV 988）

about the Silk Road. So, where was the Silk Road going? It avoided mountain ranges because the connectivity between the different cultures was blocked by geographical barriers. And the same is true for biology. Then if we go to the piedmont areas, the transition between mountains and lowlands, we have a kind of diversity generator here. We have an intermediate level of hilliness and of disturbance. And we see that here is the highest biodiversity, but also very high cultural diversity. Then in the low land main channels, they act as a conveyor belt for culture. They transport; we have ship transport and so on. Finally in the low land on the flood plains but also in the estuary this diversity accumulates and there is a high turnover. If we check that in terms of bio-diversity here are some data from Latin America again. Let's see this river in Argentina on the left in the blue circle. You see the diversity of invertebrates inside the river channel. You see just the number of these species very low. On the right hand side, you see the flat plains. And here we have a high diversity and high species turnover. If we go from one sector to another and we have this pattern also for cultural diversity of rivers. Here an example from Africa actually conveys culture as transport of information of different ways of living of humankind.

These landscape effects can very nicely be seen with wine and cheese. If you look at the map of France, you see that there are some mountainous areas there. And we have shallow areas. And in these shallow areas in the large rivers, we have the great wine area. So these have been transported by a fluvial transport. Then if you look at the cheese map on the right graph, you see, especially in the French Alpine areas, that there is a very high diversity of different cheese species which are developing in these small mountain valleys.

Vice versa, we have cultural effects on landscape diversity. These are graphs analyzed by A. Ballouche, which co-chairing the chair of river culture with me. And you can see from four thousand years ago to the today's situation in the Yamee Valley in Mali that we have had due to slash and burn cultivation, a strong reduction of the flood plain area and, less and less tree vegetation in these areas as they are present today.

If we now compare biological and cultural evolution, you see that biological evolution goes along with solid state process. And this solid material is our DNA. In biology, you are what you have been selected for. A strategy in biology is only valid if I carry the genes of it and the offsprings or the next generation will be successful with this fixed strategy. If we compare this with human culture, we have a number of different types of parents, as you see here on the right graph. And the communication of the information goes much faster just by for example, speaking. So in biology, you can say you are what you have been selected for. In cultural diversity and evolution use, you can say you can be what you want. Everything is possible. The problem is the human beings are not capable of understanding the effects of what they are doing, especially in their interaction with nature.

But before that, I just want to show you that the cultural adaptations do not need genetic fixations. And I will give you some examples here from a recent, very, very nice photo book where people that had pet dogs adapted to the dogs.

Now you see there is no genetic change needed to make adaptations in these cultural

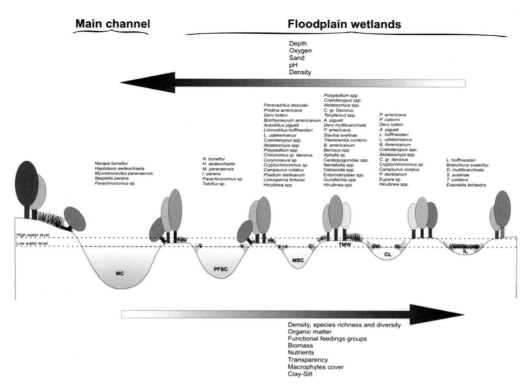

Figure 9   Diversity in Rivers: longitudinal and transversal dimensions

ways. Now for something a little bit more serious. Our modern way of life seen from the reverse perspective, from the ancient times to recent times, here from upper parts to the lower part, you'll see an increasing interaction of stressors of situations that make survival for biological species more difficult.

And they are interacting, which means that even if we do not kill the animals and plants right away, the interaction of different factors will cause problems. And the problem specifically in fast developing countries such as China, is that there is not much time to react. In Europe, all these different phases of river pollution have been happening over centuries. Here, they are happening within one decade or less. So solutions must be found on a multiple or interdisciplinary background. So our way of life has selected against certain life strategies of species.

It's like such as migratory species, those with large bodies, late reproduction, attractive for hunting, sensitive against pollution, leading large territories and so on. And it specifically

Figure 10　The cheese map

the river species are endangered here. If we regard the global bio diversity index of the living planet index by World Wildlife Fund, we observe a general decrease of overall populations of vertebrates here, on the average to 50/60 percent. But in fresh water, we are going down to somewhat above 40 percent. And more recent studies are talking about 80 and more percent of population losses in rivers.

And this is not the only case here. If you go, for example, just winged insects, just the weight

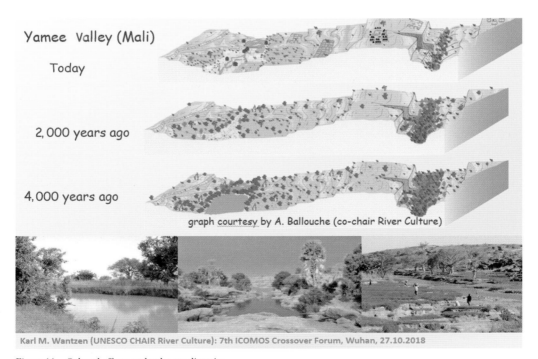

Figure 11　Cultural effects on landscape diversity

Figure 12　Cultural adaptations do not need genetic fixation!

of insects, the insects that hit your window screen when you're going by car, we have losses of up to 75 percent in central Europe. The salmon has been extinct, before World War Two in the Rhine. We are doing a great effort to restore the Rhine to establish this species again. There's a multimillion–dollar project, but we are still in spite of enormous efforts, only having very limited resources.

And another bad news. We have decimated these species that are larger for a long time. Our Neanderthal ancestors started with the mammals, the aboriginals extinct fauna in Australia. And today every animal that is heavier than a gold hamster is about to be threatened. It is as serious as that. So what are the causes for this bio–cultural biodiversity decline? Damming, multiple pollution, it is the fact that all rivers look like today, like canals. So I call this McDonaldization of rivers.

In Europe, we have lost 80 percent of flood plains and wetlands, which are precisely the sites where the bioactivities take place and where the ecosystem services take place, where the rivers are purifying the water. We have an excessive withdraw of water, especially near cities and also of sediments. We have lacking residual flow. And in cultural terms, we are also losing all the cultures that are depending on this river culture on this interactions with biodiversity. But we also lose respect against nature. And here are some pictures from Latin

America. Here from Amazonia, people that are living in tight context with the river here in Leticia in Colombia, the upper amazon, for example, ten meters of flood every year. Nobody ever talks about a catastrophe. The people are adapted, the houses are floating, and the people are happy when the river floats the forest, because this is the reason for a very nice fish yield.

The girls can swim in crystalline water of small streams. The water quality is perfect, because of an intact nature. So the river culture approach has brought together scientists from all over the world. And our plea is to recognize the importance of these natural flood patterns for biodiversity, but also for your own wellbeing, to reset the values and priorities in our riverscape management. Do not consider the river just as some liters of water, some kilograms of fish, some kilograms of sediments to extract, or some tons of waste water that I can deposit. And living in the rhythm of the waters means to allow the river to flood areas.

And finally, ecosystem, bionics to new nature's strategies. So floods are not catastrophe, we can learn from the organisms that live in the flood plains and transfer these strategies into our survival strategies. We can learn from the four billion years of research and development by mother nature. And we have a political compound inside to cooperate upstream downstream. We need to integrate the entire catchment into our economic and into our administrative planning.

So here, to end with a picture I took yesterday, here in Wuhan. And my issue is now we have to create human river encounter sites. And how should they look like they should be attractive for humans. So interesting, but they should also be able to maintain ecosystem functions, which means we need a flood plain. We need dynamite habitats; we need room for the river. And, we need a diversity of habitats. I've seen some pictures in the morning sessions about river restorations, but even if inhabited looks nice for a human being, it's not necessarily also nice for an animal or plant. We have to adapt them. And we have to check the efficiency of our restoration measures by measuring us also the bio-diversity in the ecosystem functions before and after river restoration. We have to give room for cultural diversity, for inspiration and for human wellbeing by providing space for science and microclimate. This is just a very short list. And there is a very converging and interesting discussion going on among architects among urban planners, ecologists, sociologist, and public health care planners.

中文翻译

非常感谢亲爱的会议组织者和赞助者们，感谢你们的盛情和勇气，邀请我来给大家做一次关于河流文化、河流作为生物和文化多样性的创造者和传递者的演讲。这是 Pira-Putanga 的图片，它在拉丁美洲土著人的瓜拉尼语中的意思是红鱼。

这也是来自法国卢瓦尔河谷的问候。当我从属于图尔大学的一所小研究所的窗口向外看时，我可以看到这些。大家知道，法国以奶酪和葡萄酒而闻名，我先谈谈这个，也会谈谈那种很棒的红鱼。卢瓦尔河实际上是整个欧洲最后几条鱼类仍然可以自由迁徙的河流之一，因为在那里只有有限的水坝。

我们都生活在一种节奏中。生活其实是有节奏的舞蹈。你听到的第一个节奏就是你出生前母亲的心跳。我们有以分钟到几个小时为单位的节奏，像贝德里赫·斯美塔那的《伏尔塔瓦河》（又叫《莫尔道河》）。我们有一年和多年的节奏。在这里你可以看到世界上不同的河流和它们的自然排放模式。世界上所有的水体都有排放模式或是水位波动，甚至湖泊和地下水也是如此。水循环、洪水的脉搏，决定着我们的生活节奏。

我在这里展示了两种不同的日历，一种是澳大利亚土著的日历，另一种是埃及的洪水日历。昨晚吃饭的时候，我还知道孔夫子制定了一些规矩，比如，在一年中的某个适当时间吃某些植物。这种年鉴类的书（译者注：指的是《礼记·月令》）给年度的循环赋予了一定的节奏。巴西的潘塔纳尔湿地是一个巨大的平原，那里有年度的水文季节。干季叫作 seca，洪水来的季节叫作 enchente，涨水之后的季节叫作 cheia，水落之后叫作 vazante。

重要的是，对于所有的有机体和在这个地区生活的人来说，大自然有丰饶的阶段和贫瘠的阶段，在丰饶的时期，他们就能活下去。但是我们已经忘记了，我们有超市，每天我们都吃同样的东西。

文化，意味着对多变的自然的适应。这个词原始的拉丁文来自 colēre, coleo, cultus，指的是培育、珍视与尊敬。

这里是一个冲积平原的洪水变化，相应地，我们能够吃到这里产的鱼。这张图片也显示了洪水是这里土地肥沃的原因。这就是为什么在这里生活的很多人都可以吃到鱼。在其他地区的干燥的农场里或者冲积平原地区，人民可以耕种或者放牧，但是自然的节律每年就不一样了。这种变化也像音乐一样，例如巴赫的《哥德堡变奏曲》。

这里展示了一百年来拉丁美洲的巴拉圭河的洪水最高水位和最低水位，可以看出高洪水和低洪水的阶段。这些就为特定生物的生存奠定了基础。正如音乐中我们与乐器的共鸣一样，有机体和特定的水文模式之间也有某种共鸣。

这就允许了在今后的岁月里，同一个地方可以存在不同的生物群落，随之而来的就是不同的文化使用形式。在河流文化的概念里，我们把生物和文化多样性的这些要素结合起来。我们了解一条河流，最初是通过它的水文节律，然后则是通过它的习惯、时间以及资源的动态，这样才能找到利用它的稍纵即逝的好机会，以及感受它的好机会。这样一来，包括人类在内的有机体，就必须制定风险规避策略。

河谷是文明的摇篮，这是传统认知。现在我们知道，虽然像电影《走出非洲》的情节还没有在那里发生，但我们仍然在干旱地区发现了这些古老头骨。这些古老头骨沿着河谷被保存了下来。后来，农业始于洪泛平原，酿酒厂也源于洪泛平原，并零散地沿着河流分布。如果我们看一个从山到海的景观梯度，能看到生物多样性模式和文化多样性模式。在大多数上部地区，在河流的源头，小山谷被山脉隔开。

在刚才陈同滨教授关于丝绸之路的演讲中，我们也能很清晰地看到这一点。丝绸之路延伸向了何处呢？它避开了山脉，因为山脉是不同文化间连接的地理障碍。在生物学上也是如此。山麓地区，山和低地之间的过渡地带，是产生多样性的地方。

这种地方山也不算很高，多样性受到的干扰也属于中等，这里的生物多样性最高，文化多样性也是很高的。低地中，河流的干流则扮演了文化传送带的角色。河流可以通过船舶等工具来进行传输。最终，不仅是在洪泛平原的低地，在河口地带也一样，多样性在集聚，并且具有高流动率。我们可以再看看拉丁美洲的一些数据。在左边这个蓝色圆圈里是阿根廷的一条河流。可以看到，河道里有各种各样的无脊椎动物，这些物种的数量非常少。在右边这张图里可以看到，平原上则有较高的物种多样性和物种流动率。这种差距在文化上也存在。非洲的这个例子正表达了这一点，文化是人类不同生活方式的信息传递者。

这些景观上的效应可以在葡萄酒和奶酪上很好地体现。如果看看法国地图，你可以看到一些山区和一些浅滩地带。在这些大型河流的浅滩地带，有非常好的葡萄酒产区。葡萄酒都随着河流输送到其他地方。如果你看右边这张"奶酪地图"，你可以发现，尤其是在法国的阿尔卑斯山的小山谷里，奶酪的种类多样性非常丰富。

反之亦然，文化也会对景观的多样性产生影响。这些由和我共同持有联合国教科文组织河流文化教席的 A. Ballouche 分析的表格表明：从 4000 年前开始，马里的亚美河谷由于刀耕火种的文化，洪泛平原的面积大幅度减少，树木植被也越来越少，正如我们如今看到的一样。

如果我们现在比较一下生物进化和文化进化，你会发现生物进化伴随着固态的过程。这种固态的物质就是我们的 DNA。在生物学中，你是被选择的结果。生物学上的策略只有在我携带了它的基因时才有效，而这种固定策略对于子代或下一代将是成功的。如果我们将此与人类文化相比较，我们有许多不同类型的父母，正如您在右图中看到的。而且仅仅通过说话这一方式，信息的交流速度就要快得多。所以在生物学中，你可以说你就是你被选中的对象。在文化多样性和进化利用方面，你可以说你可以成为你想要的；一切皆有可能。问题是，人类不能理解他们正在做的事所造成的影响，尤其是在他们与自然的互动中。

但在此之前，我只想告诉你们，文化适应不需要基因固定。我给大家举一些例子，最近有一本非常好的照片书，里面的内容展示了养宠物狗的人适应狗的情况。

现在，你看到适应文化不需要基因改变。现在来看一些更严肃的事情。从相反的角度来看我们现代的生活方式，从古代到近代，从上层到下层，你会看到各情境中的压力源之间日益加剧的相互作用，使生物物种的生存更加困难。

当下它们正在相互作用，这意味着即使我们不立即杀死动植物，不同因素的相互作用也会导致问题。问题是，特别是在像中国这样的快速发展的国家，没有太多的时间做出反应。在欧洲，这些不同时期的河流污染已经持续了几个世纪。在这里，它们发生在十年或更短的时间内。因此，必须在多学科或跨学科的背景下找到解决方案。所以说，我们的生活方式已经针对某些物种的生活策略进行了选择。

比如，迁徙物种体型大、繁殖晚，对狩猎有吸引力，对污染敏感，领地广阔，等等。尤其是，这里的河流物种濒临灭绝。如果我们把世界野生动物基金会的活体星球指数的全球生物多样性指数考虑在内，我们观察到这里的脊椎动物总体种群平均减少到 50% 或 60%。但是在淡水中，下降到了 40% 以上。而最近的研究也谈到了河流中 80% 或更多生物种群的减少。

然而，这里不仅只有这一种情况。举例来说，如果你去注意带翅膀的昆虫，昆虫的重量，就是那种你开车时会撞到窗户的昆虫，在中欧它们减少的数量高达 75%。“二战”前，莱茵河上的鲑鱼已经灭绝了。我们正在努力恢复莱茵河的生态，以便再次巩固这一物种。我们有一个数百万美元的项目，尽管付出了巨大的努力，但我们手中的资源仍然十分有限。

另一个坏消息是，长期以来，我们已经消灭了那些更大的物种。我们的尼安德特祖先起源于哺乳动物，是澳大利亚的土著已经将之灭绝的动物。而今天，每只比金仓鼠还重的动物都会受到威胁。事情就这么严重。那么，造成这种生物文化生物多样性下降的原因是什么？筑坝，多重污染，现在的现实就是，所有的河流看起来一样，都像运河。我称这种现象为河流的麦当劳化。

在欧洲，我们损失了 80% 的洪泛平原和湿地，正是这些地方，生物活力得以产生，生态系统得以发挥作用，河流也能对水起到净化作用。我们过量地抽取水及水中的沉积物，尤其是在城市附近，我们缺少余流。在文化方面，我们也正在失去那些依赖于河流文化与生物多样性相互作用的文化。更甚者，我们也丧失了对自然的尊重。这里有一些拉丁美洲的图片。这里是亚马孙，人们生活在与哥伦比亚莱蒂西亚的河流紧密相连的环境中，比如在亚马孙河上游，每年有 10 米高的洪水。从没有人谈论过灾难。人们已经适应了，房子是漂浮的。当河水在森林里泛滥时，那儿的人们很开心，因为这样一来会对产鱼极为有利。

女孩们可以在小溪那清澈的水中游泳。水质完美，因为那儿存在一个未受损、完整的自然系统。因此，河流文化这一途径已经汇集了来自世界各地的科学家。我们请求大家认识到这些自然洪水模式对于生物多样性的重要意义和对大家自身的福祉的重要意义，以及重新确定我们河景管理的价值和优先次序的重要意义。不要把河当成是仅仅几公升水、几公斤鱼、几公斤沉淀物，或是几吨我可以置之不理的废水。生活在水域的韵律中便意味着接受河水泛滥。

最后我想讲讲生态系统、仿生学与新的自然策略。应该这样说，洪水不是灾难，我们可以向生活在洪泛平原上的生物体学习，并将它们的策略转化为我们的生存策略。我们可以从自然母亲四十亿年的研究和发展中学到经验。而且我们还有一个可以在上游与下游之间合作的政治复合体，我们需要将整个流域纳入我们的经济和行政规划。

在这里，我以昨天在武汉拍的照片作为结束。我的问题是，现在我们必须创建人类河流相遇的场所。它们看起来应该如何吸引人类？很有趣，但是它们也应该能够维持生态系统的功能，这意味着我们需要一个洪泛平原。我们需要条件极好的栖息地，我们需要河流的空间。而且，我们需要多样化的栖息地。在上午的会议上，我看到一些关于河流修复的图片，但即使是对人类而言看起来不错的居住地，对于动物或植物来说也不一定好，我们必须适应它们。我们必须通过在河流恢复前后对我们自己和生物多样性在生态系统功能中的表现的测量来检验恢复措施的有效性。我们必须为文化多样性、灵感和人类福祉留出空间，为科学和微气候提供空间。这只是一个很简短的清单。在城市规划者、生态学家、社会学家和公共卫生保健规划者中，建筑师之间正在进行着非常相似和有趣的讨论。

汉江流域文化线路上的城乡聚落研究

华中科技大学建筑与城市规划学院　李晓峰教授

　　大家下午好！刚才看到万增教授谈的是流域、河流，我突然兴奋起来了。我们讲的可能有同样的内容，因为都跟水有关。我的报告分为这么几个部分：第一个是关于汉江流域和遗产廊道的介绍，第二个是我关注的聚落，第三个是聚落变迁的动力机制，最后还有一些自己的思考。

　　这张图（图1）是所谓汉江流域，中间一条蓝色线条一直延伸到宁强这个地方，这就是汉江的整个航道，长度非常长，那么中间还有一些河道、支流、湖泊，都是汉江流域的一部分。汉江流域到底有些什么样的特征呢？从地理环境上看，应该说它是非常多样的。从地图上看，它是从中国西部、西北部向中部地区过渡的一个地带，所以叫作第三阶梯向第二阶梯的过渡区，中间有很多复杂的自然条件，比如说有山间豁口，有河谷川道，还有冲积平原，可以说它是历史时期东部平原通往中部盆地和西部高原的自然文化走廊。我们也可以用"要冲"这个概念来理解汉江流域，它是经济文化的要冲，水运交通的要冲，也是军事战争的要冲。

　　汉江上游、中游和下游的流域特点也不一样。上游叫秦巴山区，河道比较狭窄，可以称之为峡流型。中游是丘陵地带，多山和平地，这里的河道可以称之为游荡型河道。下游则称之为慢流型河道，因为是河谷平原。汉江在历史文化上也呈现出非常多元化的特征，它处于黄河、长江流域南北两大文化板块的结合部，也成为南北文化交融、转换的轴心。汉江流域实际上也是中华"汉文化"的发源地，中间有汉

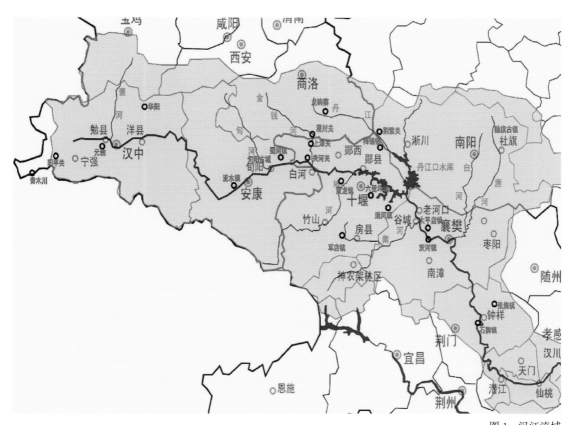

图 1　汉江流域

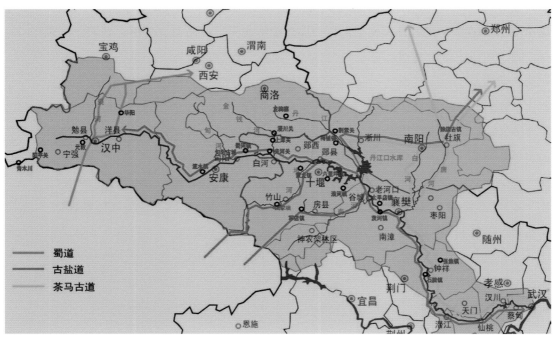

蜀道
古盐道
茶马古道

图 2　汉江流域多重遗产廊道

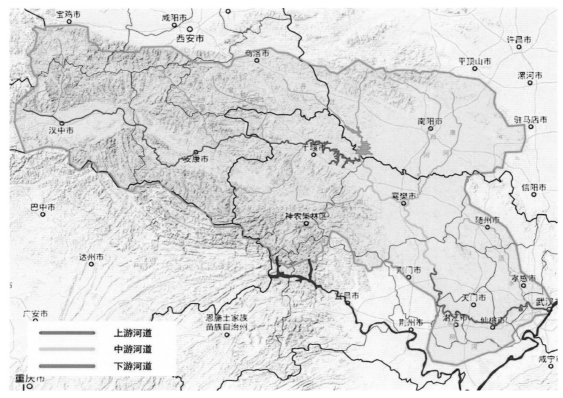

图3 汉江流域上、中、下游河道

阳、汉口，很多和"汉"有关系的都跟汉江有关系，可以说它有很丰富的文化沉积带。自古以来，汉江流域除了呈现出多样的自然地理条件以外，同样有厚重的人文环境。这里一直以来都是历史时期非常重要的人群聚集地。所以说汉江沉积了丰富的历史信息，是一条多元的文化线路，也构成了贯穿鄂、豫、陕、川的多重遗产廊道。汉江流域还有很丰富的宗教资源，比如道教文化，我们知道武当山是道教文化的集聚地，还有水神文化，这在汉江流域范围内都还有一些遗存。

接下来谈"遗产廊道"。大家都说文化线路，但前面听到陈同滨教授经常会用到"廊道"这个概念，我觉得用廊道这个概念来理解汉江流域文化就更加贴切了。因为汉江流域有特殊的文化遗产族群、景观，包括水运的航道，也包括盐、茶的商道，还包括戍防的隘道、移民通道，通道的概念特别强，都是属于文化线路上通道的概念，所以我们可以称之为遗产廊道。

这张图上（图2），不同的颜色代表不同的文化线路或不同的廊道，像上面这

个橙红色的是蜀道，过去也是一个隘道和军事通道。紫色的是古盐道，黄色的是茶马古道，可以看到都在汉江流域。

汉江流域的聚落情况又是怎样的呢？通过调研，我们知道有诸多聚落的类型存在，包括原住居民的乡村、移民的聚落、商贸型的古镇、军屯寨堡，还有船民聚落、治城聚落等等。从图3可以看到水和聚落的关系，有顺水而居，有垂直水面的，还有一些城和水之间的，像这些布局的方式都与水有关联。今天我们关注聚落类型主要是从与水关联的角度去看。

聚落的类型到底有哪些？从图3可以看到，上游、中游和下游用不同的颜色代表聚落的分布情况。我们可以从自然环境视野和聚落主体视野两个部分来看待聚落的类型。出现非常典型的滨水聚落，跟自然环境有关系。

图4是汉江上游的旬阳，在陕西境内。还有一些如在湖北境内的孙家湾（图5）、钟祥的张集（图6）等等，这都是濒临汉江干流和支流聚落的情况。

这些是滨水聚落的一些乡村和集镇的情况，图7是郧县（现为郧阳区）的大桥村，图8是陕南的华阳古镇。

这还有一些滨水的聚落，都是很有特征的，比如宁强的青木川（图9），汉江

图 5　十堰孙家湾

图 6　钟祥张集

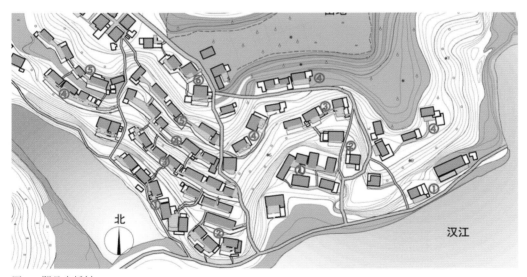

图 7　郧县大桥村

图8 华阳古镇

图9 宁强青木川

直接从这个古镇当中穿过，现在
还有一些比较特殊的景观，比如
说桥，还有坝。刚才看的是上游
的一些聚落，中游到下游，还有
一些平原的聚落。这就是江汉平
原上一系列的聚落，包括洪湖的
瞿家湾（图11），京山的坪坝老
街（图12）等等，这都是平原
聚落，有一些独有的特征。

图10 汉江穿古镇而过

还有山地聚落，图13是汉
江的一条线路，一些聚落就在水
和山之间，这就是山地聚落的特点。这些山地的村落，现在我们到乡村里面还可以
看得到。还有一些类型的聚落，非常遗憾现在找不到到很好的图片，这里用的是洞
庭湖的一张图片，这是船民聚落（图14）。

图 11　洪湖瞿家湾

图 12　京山平坝老街

图 13　山地聚落

图 14　船民聚落

　　过去都还有一些船民长期在江面上或者沿江的湖边生存，这也成为一种水上的聚落。实际上，武汉就是一个滨水的聚落。过去在水上，在汉江的边上，或者汉口都还有很多的商船集聚在一起，很多人就生活在船上，那也是一种聚落的形态。

　　很遗憾，现在我们看到汉江就只有这样零零星星的一些小船，大型的聚落已经很少见了。

　　聚落有很多类型，刚才是以自然环境为主要视野的，其实还可以从农耕、生产条件、人的主体条件等方面看聚落的形态。比如农耕型的聚落，实际上在汉江流域大量聚落都是农耕型的。农耕型聚落有单姓的族群聚落，还有亲族联合体的聚落，多数都是血源型的聚落。这就是农耕型聚落的典型特征，周边都有农田包围，以农耕为生活的主要来源。

　　汉江流域还有一些特殊的聚落，比如商贸型聚落。这里画圈的全是商贸型聚落，大型的城市、小型的集镇，都属于商贸型聚落。商贸型聚落经历了从草市到军镇再

图 15 武汉汉江边的船民聚落

图 16 现在汉江上零星的小船

图 17 汉江边典型的农耕型聚落

图 18　竹山翁家大院

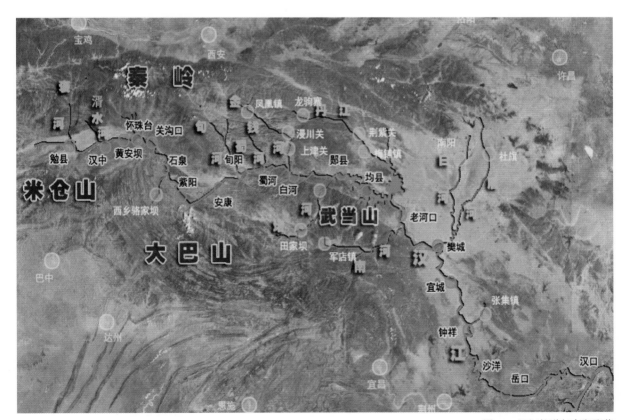

图 19　汉江航道与商贸聚落

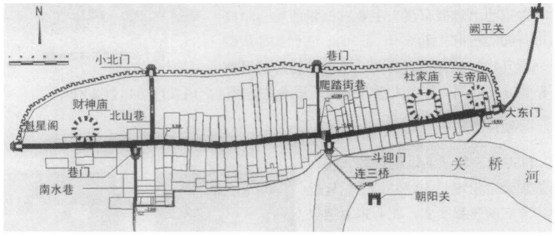

图 20　钟祥张集镇

到市镇的一个发展过程。商贸型聚落也有一些不同类型的特征，比如说它有带状形态、鱼骨状形态、网络形态和不规则形态，这些形态全部跟水文的状况有关。

湖北钟祥的张集镇（图 20）就是一个梳形的小型集镇。它也跟水环境有直接关联，下面就是水，上面是城还有村。还有一些其他的商贸型聚落，比如随州的安居镇（图 21）、洪湖的周老嘴（图 22）以及十堰郧阳区的黄龙镇（图 23）等等。

还有一些戍防型聚落，如郧西的上津关（图 24），它实际上是一个关隘。关隘是两个地区之间的隘口，收关税的地方。后来也形成商贸型聚落形态，关隘型的聚落也非常丰富。

可以看到，带圈部分都是关隘型的聚落的点。汉江上游有很多叫"关"的聚落名称，比如漫川关、上津关、夹河关、荆紫关、青铜关等，它们都是关隘型聚落。

除此以外，戍防聚落中还有一种特殊类型叫堡寨，今天能看到的已经不太多，也不太用了，它已经成为一种独特的遗址景观。比如湖北黄陂的龙王尖山寨（图 28），还有竹山和钟祥的一些堡寨的类型。

图 21　随州安居镇

图 22　洪湖周老嘴

图 23 郧阳黄龙镇

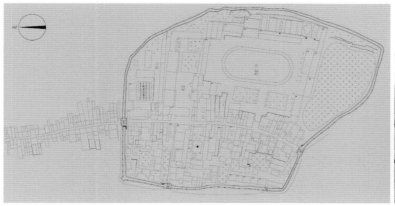

图 24　郧西上津关

图 25　汉江上游的"关"

图 26　上津关

图 27　荆紫关

图 28　黄陂龙王尖山寨

图 29　竹山寨堡全图

图 30　南漳张家寨

明代末期以后，由政府倡导、民间响应的高山结寨、平地筑堡，也是防御型的聚落。图 30 是个非常漂亮的防御型聚落遗址。

还有另一类特殊的聚落，现在已经成为城市了，我们称之为治所型聚落、治城聚落，它是行政和军事合一的聚落类型。府、州、县都有治所，即行政机构，以军事和行政为主要目的筑一个城。特别有意思的是，在它周边会出现一些中心市镇。今天的城市是两个字合二为一，其实在古代的城市当中，治所和市镇实际上是分开的，一个以行政为主，一个以商贸为主。在湖北会看到一些特殊的城市形态，所谓双城。

比如襄阳府城，前面有一个樊城镇城，襄阳和樊城这两个是一对。襄阳府城是很规则的，而樊城却是一个非规则的带形城市。为什么会这样？因为它们一个是城，一个是市。除此之外，还有荆州，荆州旁边有沙市，它们其实是一样的。老河口和光化城也是如此。

从襄阳府城这个图可以看到，一边是城，一边是市。

还有谷城县、邓州等等，都属于治城。团状的城和带状的市都跟江水有关联，沿着河道就会有带状的市，远离河道的则是团状的城，这是不同类型的城市形象。

刚才给大家介绍的是汉江流域的聚落类型，接下来简单说一下汉江流域聚落的变迁与演变机制的情况以及我们的一些思考。刚才所说的这些乡村聚落基本都是因水而生的聚落。在考虑防洪因素影响下，城市的变迁和因水而建的乡村聚落的变迁都值得我们关注。以下示例都跟水有关系，城市当中，过去是土城，后来做成砖城，变化的主要原因不光是军事防御，还有一个重要原因就是要御水。乡

图 31　城下街区的"堡城型"

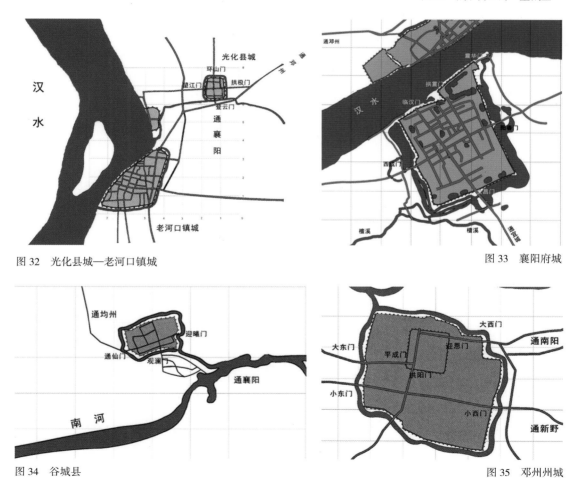

图 32　光化县城—老河口镇城

图 33　襄阳府城

图 34　谷城县

图 35　邓州州城

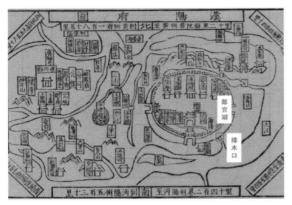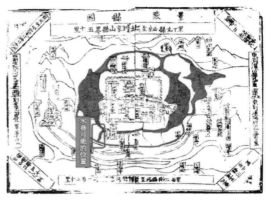

图 36　嘉靖汉阳府图中汉阳府城东南隅的排水口　　　图 37　嘉靖《湖广图经志书》"景陵县图"中水巷的位置

村聚落则是要顺水。

我们看看历代城市变迁的情况，以襄阳城市为例。过去的襄阳城以襄阳为主，樊城很小，逐渐扩大，形成一个大的城市，这是一些变迁的情况。

关于城市和聚落变迁的动力机制或者变迁的影响力，这里可以做一些总结。经过研究和考察，我们认为它有外在动力和内在动力两个部分。外在动力中，第一是河湖环境自然力的影响，因为河道变迁对聚落的变化会有很大的影响。第二是行政决策的控制力。第三是军事战争的作用力，过去这些地方都是军事要道。那内生动力是什么呢？包括经济发展和人口变迁，一个是主导力，一个是原动力。刚才说城市聚落以御水为特征，而乡村聚落以顺水为特征。在汉江流域这方面表现都比较突出。今天从文化线路的角度去看待聚落，可以称之为遗产廊道，汉江流域是一个重要范本。从文脉、水脉的角度来看，汉江流域聚落具有跟水有关系的属性，可以说是水文和人文的互动影响。我们认为探索河川文明的研究范式，汉水流域是一个典型的例子或缩影。

聚落遗产的保护和发展也面临一些挑战和问题，问题主要有四个方面：第一，汉江、汉水环境已经跟过去有很大的变化，如水电站截流，航运不再通畅，过去的船民聚落已经不存在了。第二，由于南水北调，中部水源地蓄水，大量传统聚落被淹没。第三，因新农村建设，拆乡并村，过去很丰富、多元化的乡村聚落，已经趋

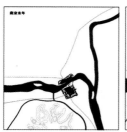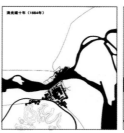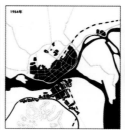

图38　城市聚落空间形态演变典例：襄阳府城—樊城镇城

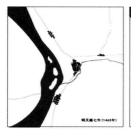

图39　城市聚落空间形态演变典例：光化县城—老河口镇城

向于单一化。第四，聚落中的人群也在变化，传统的人群可能以熟人关系和传统农耕文明的聚居为主。今天乡村环境已经跟过去很不一样，乡村里的人都到城里打工，乡村已经变成空心村，聚落也在逐渐衰落。那如何应对呢？我们也提出一些观点。简要地说，一是关于研究与保护，从聚落遗产廊道的角度去研究是非常重要的，贯穿汉江流域的聚落遗产廊道，应该成为研究流域聚落的独特视角。二是聚落遗产的保护应该从水环境保护着手，河流哺育了我们，给我们提供生存、成长的环境，水文加人文是汉江流域聚落的特殊生存背景，其中水环境保障是最基本的，因此保护聚落遗产应该从保护汉江流域水环境着手。三是聚落的保护与发展应该兼顾人群。关注流域范围内人群生存条件的改善是硬道理，聚落保护必须考虑聚居者的基本权益，先乐业再安居，这样汉江流域的聚落才能够可持续发展。汉江流域有这么多丰富的聚落遗产，我们可以从遗产廊道的角度去分析和研究它。当然，我们也希望未来有一天，汉江流域的遗产廊道也能够申报并列入世界文化遗产名录。

武汉与长江文明：溯源与展望

武汉大学中国传统文化研究中心 杨 华

　　长江是中国第一大河流，横跨我国西南、华中和华东三大区，流经青、藏、云、川、渝、鄂、湘、赣、皖、苏、沪等 11 个省、自治区、直辖市，全长 6300 公里，是世界第三大河流。其支流延伸至甘、陕、豫、黔、桂、粤、闽、浙等 8 个省、自治区。流域面积 180 万平方公里，占全国总面积的 18.7%。长江流域占我国水利资源、养育人口和国内生产总值的三分之一。长江对我国的防洪灌溉、能源供应、交通便利、粮食安全、生态保护、经济发展，都起着至关重要的作用。

　　长江流域地处北纬 30 度线附近，有充沛的降水与地表水，有充足的光照和积热，非常有利于农业的发展和人类的正常生活，是世界上自然条件最优越的地区之一。在新石器时代后期，北纬 30 度附近率先进入农业文明，孕育出长江文明、印度河文明、两河文明、尼罗河文明，在长江流域产生了世界上最早的陶容器、最早的水稻和稻田、最早的水利工程、最早的漆器、最早的丝绸，还有中国最早的古城、最早的祭坛、最早的文字符号、最早的船、最大的早期城市群和最大的青铜文化地带。长江上游有滇文化、巴蜀文化，中游有大溪文化、屈家岭文化、石家河文化，下游有凌家滩文化、河姆渡文化、良渚文化等，而且上中下游的文化既相互联系，又各有特色，充分展现了区域人文风貌，如上游三星堆文明的奇丽，中游石家河文化的大气，下游良渚文化的精致。这种文化格局对后世有着深远的影响。

一、长江文明及其范围

文明是文化发展的高级形态。所谓"长江文明",是指文明诞生以来,整个长江流域所蕴含的文化风貌和文化要素。简而言之,就是生活在这片土地上的人民的生活样态和文化成就。

1. 长江流域是中国文明产生的摇篮之一

长期以来,中国人习惯于称黄河是中华文明的摇篮。实际上,最近五十年的考古发掘和学术研究已经表明,这种表述并不正确,或者并不完整。文明产生的一元论逐渐被多元论打破,"满天星斗"说则为学界广泛采纳。

在长江流域,无论是文明产生的时间,还是文明早期的辉煌程度,都足以与黄河流域媲美。在长江上游地区,古蜀文明主要发生在成都平原。三星堆文化的独特造型和奇异风貌,金沙遗址出土的祭祀坑和凤凰图案,都给人留下深刻印象。在长江中游地区,从川东鄂西的大溪文化(前4400—前3300)、江汉平原的屈家岭文化(前3300—前2500),再到石家河文化(前2600—前2000),其年代也与黄河流域的仰韶文化大致相当,其彩陶精美程度也不亚于黄河流域同期文物。在长江下游地区,环太湖流域的马家浜—崧泽文化(前4000—前2000)、宁绍平原的河姆渡文化(前5000—前4000)、良渚文化(前3300—前2500)都具有相当高的文化程度,表明该地区已经进入文明的前夜或文明的初期。

总之,长江流域迈入文明阶段的时间和文明初期的辉煌程度,丝毫不亚于黄河流域。当时取得的成就也为后来进入文明时期的巴蜀文化、楚文化和吴越文化,奠定了良好基础。早就有学者(如日本的伊藤道治)称中国早期文明为东方式的"两河文明",这虽不是最全面的概括,但反映了长江流域在中国文明初期的地位。

2. 长江文明的区域分布

长江流域地处北纬30度,自西向东,海拔落差大,干支流河道长,流域面积广,土壤和气候差异大,因此,整个长江流域的生存环境和生产方式也差异巨大。换言之,因为自然条件的差异,形成了所谓"百里不同风,千里不同俗"的文化习俗差异。长期的历史演变,尤其是春秋战国时期的割据分裂,导致在同一种文明形态下,从上游到下游形成了如下各具特色的区域文化。

（1）藏羌文化。藏羌文化分布在长江上游的青海南部和四川西部地区。这里的主体民族是藏族和羌族。藏族主要信仰藏传佛教，羌族则信仰自然崇拜、祖先崇拜、灵物崇拜和图腾崇拜等四种。

历史上著名的茶马古道，反映了当地的文化面貌。茶马古道是一个庞大的交通网络，以川藏道、滇藏道与青藏道（甘青道）三大道为主线，辅以众多的支线和附线。此种道路系统地跨川、滇、青、藏，向外延伸至南亚、西亚、中亚和东南亚，甚至远达欧洲。

（2）巴蜀文化。可以分为巴和蜀两部分，巴一般指四川盆地的东部，即川东、鄂西地区，与楚文化交界；而蜀文化则处于四川盆地，尤其以成都平原为中心。巴蜀地区最大的特点，即地理封闭，文化个性则是坚韧勤劳。通过栈道工程北越秦岭、南通滇僰、西近邛筰，实现了贸易繁荣。所以当地与中原文化历来沟通顺畅，秦国吞并蜀国后，当地更成为中原文化的核心主体之一。从汉唐至宋明，巴蜀地区都是中原政权的后方。

（3）荆楚文化。"荆楚"，广义上指春秋战国时期楚国极盛时期据有的南方之地，几乎涵盖所有长江中下游地区和淮河流域，乃至整个南部中国。狭义上，仅指清代湖广分省后的湖北地区。这里采用的是中观概念，指湖北、湖南及河南西南部。

荆楚地域概念和荆楚地域文化，主要来源于楚国800年（公元前11世纪楚子受封，至公元前222年楚国为秦所灭）及其所创造的文化。

在秦汉帝国统一之前，荆楚是自立于中原文化之外的"蛮夷"；在王朝分裂时期是南北交战的前线；唐宋以后随着经济重心的进一步南移，得到较为充分的开发，成为粮食基地、商贸枢纽和中国传统文化最优良的传承地。近代又在文化转型中发挥了重要作用，是中国新文化的主要驱动地之一。

（4）吴越文化。今天所谓"吴越"概念，主要来自春秋时期的吴国和越国。两国争霸，使得吴文化和越文化进一步融合，形成东南沿海的区域文化。在先秦秦汉时期，地处中原文化之外的吴越，开发较少，也是"蛮夷之邦"。但是，经过中原民族的三次大南迁，长江下游得到深度开发，吴越之地也成长为经济中心和文化中心。到明清时期，江浙地区既是全国经济命脉所在，又是人才荟萃之地。近代开埠之后，当地成为接受西方近代文化的前沿，"海派文化"独具特点，几乎成为大众流行文化的代称。

二、长江文明的发展历程和特点

正如著名学者葛剑雄所说，历史上长江流域经过了两次崛起。第一次崛起是新石器时代和文明初期，南方长江流域的辉煌程度不亚于黄河流域，但由于多种原因（或认为因洪水、海侵等自然灾难，或认为因外敌压力），出现了衰落。第二次崛起是进入文明阶段后，从东晋南朝开始的三次人口南迁，导致南方长江流域成为全国的经济重心和文化重心。

三次人口南迁

第一次是"永嘉之乱"（304—316年），北方少数民族大举内迁，"五胡乱华"，洛阳的西晋政权灭亡。中原的衣冠豪门和平民百姓大举南迁，在南方重建政权，史称东晋，从此开始了南北对峙局面。第二次是"安史之乱"（755—763年），唐玄宗时安禄山发动叛乱，黄河流域再次沦为战场，大批人口南迁避乱，唐朝由辉煌走向衰落。第三次是"靖康之难"（1127年），金人攻破东京汴梁（今开封），掳走北宋徽、钦父子二帝以及朝臣、皇族、后宫三千余人，东京被洗劫一空，北宋灭亡，赵构称帝后迁都临安（今杭州），开启南宋政权。

这三次政治和军事灾难，导致了黄河流域汉人政权的覆亡，国家分裂，军事割据。更重要的是，导致人口南迁，中国的经济重心逐渐转移到长江流域。

在唐朝，江南的赋税收入已占全国大半。到宋代以后，有所谓"苏湖熟，天下足"的说法。

与南方人口的增长和经济重心的南移相呼应，中古时期南方出现了一系列足与北方比肩的大城市，如南京、扬州、成都、杭州、广州等。从唐朝后期开始，里坊制逐渐松弛，城市发展逐渐打破城墙的阻隔，城郊生活区兴起，草市出现，市镇繁荣。

南方城市经济的繁荣和发展促使城市格局逐渐摆脱政治、军事要求的约束，经济因素逐渐重塑了城市形态。如今长江沿线的重要城市，如重庆、武汉、上海等，就是因为商贸而不是因为政治和军事而崛起的。

元、明、清以来，虽然国家的首都大多仍在北方，但国家的经济、文化命脉基本依赖长江流域来承担，北方的经济补给主要依靠漕运和海运来实现；20世纪以来，则依赖铁路和公路交通运输来补给。总之，在最近的一千年间，长江流域在中华文明中的地位已然超过黄河流域，这是历史的必然。

综观长江流域的自然环境、人文现状和发展历程，可以对长江文明的特点简要归纳如下：

（1）长江文明对人类文明做出了巨大贡献，产生了一大批独具特色的物质文化和非物质文化成就，例如稻作、丝绸、茶叶、瓷器、青铜、漆器、干栏式建筑、造纸术、水利工程技术、老庄思想、道教等等。

以稻作文化为例，水稻是目前世界上最重要的粮食作物之一，全球半数以上的人口以水稻为主食。20世纪70年代河姆渡遗址的发现表明，早在7000多年前，长江流域的先民就已学会了栽培水稻。此后，水稻遗存又在江西、湖南、河南、浙江、江苏等多地被发现，而且时间不断提前，浙江上山文化遗址和湖南彭头山遗址的稻谷化石距今大约1万年。

长江中下游地区是世界上最早驯化水稻的地区，也是稻作文化的发祥地，对世界文明产生了巨大贡献。

（2）长江文明具有浪漫、灵动、轻盈的特点。

中国是传统的农业社会，农业文明的特点是重本轻末，厚重少文，崇尚温柔敦厚，庄严正统。这种价值观产生于黄河流域，而且被产生于黄河流域的儒家所提倡，随着儒家成为国家意识形态，它也被历史文献所记载，为朝野教化所提倡。然而，在长江流域，却产生了老庄哲学思想和屈原骚体诗歌。老庄和屈原都是中国浪漫主义的代表，富于玄思，其丰富的想象力与楚地重巫鬼、轻人事的文化风尚有关。《史记》说"南楚好辞，巧说少信"，虽然带着某些华夷之辨的中原文化优越感，但多少也揭示了长江流域浪漫、灵动、轻盈的文化个性。古代楚汉文化的漆绘图案和青铜竹木器具造型，近代以来杰出的科技成就和工业产品，都反映了南方人的精巧思维和创造活力。

（3）长江文明富于开放意识和开拓能力。

春秋战国时期，长江流域的楚国、吴国和越国，都曾经向北征伐，与中原诸国争雄。后又有三国孙吴政权北伐、东晋祖逖北伐、南宋岳家军北伐。

长江流域先民也曾多次向海外拓展。长江上游很早就存在着一条经由云贵地区，通向南亚、东南亚乃至欧洲的"西南丝绸之路"。三国时期，东吴造船业发达，对于长江下游的出海外贸起到至关重要作用，也推动了闽越地区"海上丝绸之路"的发展。六朝时，长江流域的丝绸又传至日本、朝鲜和天竺（印度），宋明时远及非洲和拉美。明代郑和下西洋，其庞大船队都是从南京出发，在江苏太仓刘家港集结，到福建长乐太平港驻泊，然后伺风开洋。

进入近代，帝国主义列强侵入中国，长江沿线也因此而成为中国开放较早的地区。上海、镇江、南京、芜湖、安庆、九江、汉口、沙市、宜昌、重庆等地开埠，客观上为沿线各城市带来前所未有的发展机遇，使长江流域在经济文化方面领先全国。20 世纪 80 年代以来的改革开放之风，也是由沿海吹向内地，上述长江沿线各大城市无不处于时代的前沿，以其开埠的积累而获得先机。

（4）长江文明具有文化多样性特点。

长江流域共有 52 个少数民族，几乎涵盖了中国所有的少数民族。在如此众多的人口和族群中，其生产生活方式丰富而多样。全中国的物质和非物质文化遗产的主要类型，在这 180 万平方公里区域内，几乎都可见到。儒、释、道三家的建筑遗迹，在长江上中下游都有分布；峨眉山、青城山、武当山、九华山、龙虎山便是承载着不同教旨的神山道场。从上游某些民族近乎原始的生活样式，到中下游大都市中现代乃至后现代的生活样式，在同一纬度、同一条江边、同一时间呈现出来。至于各地的语言、文学、音乐、舞蹈、戏剧、曲艺、医药、礼俗的差异性，更是不可胜数。这些丰富而多样的文化，都在长江流域内多元共生，合而不同。

这种文化多样性，与世界上其他几个大河文明中单一族群对应单一文化的特点，有着根本的不同。

三、长江文明视野下的武汉

长江滋养了一大批沿江城市，基于地理因素和历史传承，这批沿江城市对长江文明存在着强烈的文化认同。长江沿线有 5 个城市被称为"江城"，但在综合实力上可与武汉匹敌的，只有重庆、南京和上海。从文化资源和文化特点进行比较，便会发现四大都市的若干异同：

第一，以上除成都之外的四座长江沿线的主要城市，均处于北纬 30 度线上，均建立在某条长江支流（嘉陵江、汉江、秦淮河、黄浦江）的入江处，其地理条件均相当优越。四大城市均背靠着相当富庶的经济腹地。重庆有四川盆地和成都平原；武汉依靠江汉平原的鱼米之乡；南京和上海依靠长江三角洲冲积平原。

第二，若从建城历史的长短来看，武汉最早，3500 年；南京次之，2500 年；重庆次之，2300 多年；上海最晚，大约千年。即便将东汉末年的郤月城和夏口城分别作为汉阳和武昌建城之始，则武汉的建城史也至少有 1800 多年。

第三，从文化积淀来看，各有特色。重庆以巴蜀文化为底蕴，武汉以荆楚文化为底蕴，南京以吴越文化为底蕴，上海则兼有吴越文化与海派文化。若从传统文化的资源来看，南京最为丰富，"六朝古都"所赋予的丰富人文资源，非常有利于转化为城市文化软实力。然而，随着近代以来西方文化的传入，东南沿海成为沐浴欧风美雨的前沿地带，上海得风气之先，反而成为中国乃至整个东亚最具影响力的国际大都市。上海所具有的进出口优势、科技优势和产业工人素质，无与伦比。

第四，除成都外的这四大城市都见证了中国近代化的历程，留下丰富的近代文化资源。19 世纪中叶开始的洋务运动，试图在技术层面"师夷长技以制夷"，分别开办实业，制造武器，上海的江南制造总局和江南造船厂（1865 年）、南京的金陵制造局（1865 年）、武汉的汉阳铁厂（1890 年）和汉冶萍公司（1908 年）等等，不仅在当时领导着中国的制造业，而且直接影响了 20 世纪的工业发展方向。

第五，除成都之外的这四大城市都具有相当丰富的红色文化资源。上海是中国共产党的建党之地，也是早期中共中央的办公地所在；武汉是中共"八七会议"的召开地，具有农民运动讲习所、新四军办事处等红色遗迹；南京作为民国首都，重庆在抗战时期作为陪都，也留下了大量的红色遗迹。这些资源也可以转化为城市软实力。

综上所述，若将长江沿线的五大都市进行比较，无论是从传统文化层面，还是从近现代文化层面，均难分轩轾，只能说各具特色。如果以近代以来的文化特征来比较，上海以海派文化著称，南京以古都文化著称，武汉以湖广总督文化著称，重庆以出川港口文化著称，成都以盆地都会文化著称。

四、长江之"中"的武汉

湖北处于中国中部，长江中游地带，南北长约 470 千米，东西长约 740 千米，面积 18.59 万平方千米，土地肥沃，自然资源丰富，号"千湖之省""鱼米之乡"，历史文化底蕴深厚，文化遗迹众多，是长江文明的主要发源地之一。而且湖北有南北、东西的交通便利，通达上下游地区，省内长江流程 1061 千米，占长江干流通航里程的 39%，在沿江各省中最长；另有许蔡桐柏道、荆襄道两条南北大道，贯通中国南北。在中国的自然地理行政区划版图上，秦岭—桐柏山—大别山一线与南岭一线将中国的政治区域分为南北中三个行政区，湖北省居于中部；三峡与大别山又将长江流域分为天然的上中下三个行政区，湖北省也居于中部。无论从横向延伸，还是纵向延伸，湖北的地理位置均居于天下之中。这使江汉平原地区成为长江流域天然的政治、经济、文化中心，从上古时代即是如此。

北宋时期，长江文明中心从荆州东移至武汉武昌，并从此定位于武汉，千年不动，因为中国的南北交通大道已经定型，即今京广铁路一线。武昌城就是荆湖北路治所，内陆最大的水陆交通枢纽、行政中心与军事重镇，长江中游的贸易中心，货物的集散地，是可与苏、杭、南京相比的大都市。

居于湖北武昌、汉阳等港口的商人有四川人、陕西人、河南人、湖南人、两广人等，特别是四川商人居多，四川的商品占中转或交易货物的很大一部分，四川的饮食文化深入到武昌、汉阳的里巷。

元代的湖广行省治所亦在武昌，辖区包括湖北部分、湖南大部、广西、广东雷州半岛、海南、贵州大部。武昌是江南、岭南的政治、经济、文化中心。明朝湖广承宣布政使司治所也在武昌，辖地为今湖北省、湖南省。清朝的湖广总督也驻武昌，管理湖北湖南军民事务。武汉号称"九省通衢"。太平天国时期，武昌是太平军与湘军反复争夺的军事重镇。清末汉口开埠以及京汉铁路、粤汉铁路开通后，汉口成为繁华的国际化大都市，武汉三镇的综合实力曾仅次于上海，位居全国第二，亚洲前列。

1911年，辛亥首义第一枪在武昌打响，最终推翻了清朝的统治，为民族解放做出了杰出贡献。民国早期，武汉曾作为首都，后又迁往南京。抗日战争时期，武汉作为临时抗战中心，为抗战做出了应有贡献。

武汉现在是中部地区的中心城市，中部六省唯一的副省级市，内陆地区最大的水陆空交通枢纽，长江经济带核心城市之一。武汉能够成为江南中部的政治、军事、经济中心、水陆空交通枢纽，有地理、交通的必然性，有行政上的传承关系，也有文化上的中心认同。这使武汉有很多特色和优势。

第一，居中的地理条件，令武汉具有更大的文化包容性，长期的政治经济文化中心地位，使武汉具有很强的文化自信。"大武汉"是其显著的文化特点。武汉上接巴蜀文化，下连吴越文化；通过京广线，北达京师，南通广州，南来北往的人群在这里汇集，令武汉接触到各种文化资源和文化元素，造就了武汉文化的包容性，取优去劣，取精去芜，"自大其身"，成就其恢宏的文化气度。加之长期是长江中游的政治经济文化中心，湖广总督、两湖总督治所，形成了武汉人心胸宽广、不甘人后、勇于进取的气概。

张之洞督鄂期间，兴办一系列学堂，如自强学堂、湖北武备学堂、湖北农务学堂、湖北工艺学堂、湖北师范学堂等，以"造真材，济时用"为宗旨改造教学课程，培养了大批人才，使湖北及武汉形成了较为完备的近代教育，成为新式教育的中心。还大量派遣留学生，人数居全国之冠。这对中国与湖北的命运产生了重大影响。雄厚的文化底蕴和丰富的教育资源，开放进取的文化心态，使武汉更容易发挥区域政治、经济、文化中心的作用。

而且，武汉还是一座革命之城、红色之城。辛亥革命首义在这里爆发，推翻了清朝，建立了民国，走向共和。1927年中共中央机关从上海迁到武汉，中共五大在这里召开。毛泽东同志在这里主办了中央农民运动讲习所。多位中共领导人曾在武汉进行革命活动，对武汉有很深的感情。现在武汉革命博物馆已成为全国著名的红色文化旅游胜地，每年都吸引大批游客前来参观。正是这种努力向上、勇往直前的革命精神代代相传，使武汉朝气蓬勃，勇猛发展，勇于创新。

第二，居中的地理位置，使得国家和企业在资源布局时，都将武汉作为中心。张之洞督鄂期间，湖北与武汉的早期现代化进程明显加快，开办了一批近代民族工业，并得到迅速发展，如铁厂、枪炮厂、大冶铁矿、织布局、机器厂、钢轨厂、缫丝局、纺纱局等，至1911年，武汉官办、民办企业有28家，资本额达1724万元，在全国各大城市中居第二位。

目前，长江的管理治所和科研机构集中在武汉，全国铁路的中心枢纽布局在武汉。如长江水利委员会、长江航务管理局等长江流域管理机构均设在武汉。全国最大的消费品交易平台、中国最大的光纤制造企业、中国最大的专业导航系统、内陆最大的医药流通企业、国家信息光电子创新中心、国家数字化设计与制造创新中心都选择武汉，并且正在建设国家商贸物流中心。这与武汉长期作为长江中游的行政中心有密切的传承关系。

第三，在长江经济带战略中，武汉居中的地理优势仍将发挥作用。长江文明进入新阶段，确立了"一轴、两翼、三极、多点"的发展新格局。"一轴"是以长江黄金水道为依托；"两翼"指沪瑞和沪蓉两条夹长江而行的东西运输大通道；"三极"指长江三角洲、长江中游、成渝三个城市群；"多点"指发挥三大城市群以外地级城市的支撑作用，以加强与中心城市的经济联系与互动，带动地区经济发展。此项战略的每一环节，都途经武汉或围绕武汉展开，离不开武汉这一"中"。如何利用好国家战略和自身的地理优势，需要全面系统的考量和高屋建瓴的设计。

2017 年 1 月，武汉市第十三次党代会提出的"规划建设长江新城"，是武汉发展的百年大计。长江新城是全面创新改革的示范区，是兼具政策支持、技术研发、成果转化、交易服务、企业孵化功能，为"百万大学生留汉创业""百万校友资智回汉""科技创新人才集聚兴汉"等战略提供了新型创新创业平台。各种文化在这里相互交流，不同思想相互碰撞，产生创新的火花，引领技术变革。

由于周边省市与武汉长期的从属关系和文化认同，在长江经济带的发展中，其他省市能够接受湖北及武汉的领头作用，也使武汉有担当使命的重任。

第四，由于居中的地理优势，武汉是国家战略转移后的发展重点。这是武汉的发展机遇。上海及浦东的开发开放是武汉很好的参照。1990 年 4 月，浦东大开发的重大战略决策后，浦东及上海快速发展。只用了二十多年时间，浦东新区就发生了翻天覆地的变化，从县区农村发展为世界最先进繁荣的城区，引领上海的城市发展。上海已成为国际经济、金融、贸易、航运、科技创新中心，长江经济带的龙头。

2016 年 9 月，中央正式印发《长江经济带发展规划纲要》，要将长江经济带建设成生态文明建设的先行示范带、引领全国转型发展的创新驱动带、具有全球影响力的内河经济带、东中西互动合作的协调发展带。2016 年 12 月印发《促进中部地区崛起"十三五"规划》，推进中部崛起战略。2017 年 1 月 25 日，中央增设武汉、郑州为"国家中心城市"，承接上海浦东的开放红利以及技术、经济资源的转移。这充分表明了中央发展中部及武汉的决心，也是武汉发展的重大机遇。

第五，一带一路贸易与武汉的地理优势。2013 年以前，国际贸易总运量的 2/3 以上通过海上运输，中国进出口货运约 90% 通过海上运输，原油进口约 80% 是靠海上运输。海运有成本低、运量大的优势，但速度慢、用时长，不能适应现代贸易的快速节奏。从武汉经水运海运至德国汉堡港需要两三个月，而经中欧铁路只需要 15 天左右，单位货物运输费用只有空运费用的 1/4，只比海运高出约 130%，对很多企业的高附值商品来说很有使用价值。

中欧贸易通道从海上改为铁路，改变了内陆城市的外贸进出口靠沿海城市的格局，正在改变中国国内的经济布局，改变现有的以海运为主的世界贸易格局。而武汉地区位于长江经济带腹地，是长江中游航运中心，内陆最大的水运、陆运、空运的综合交通枢纽，中欧班列的始发站之一，在"一带一路"战略和贸易中占有重要地位，而且有众多的教育与科研机构，无疑是今后的发展重点区域，拥有巨大的发展潜力。武汉列入中国中心城市，正是这种大趋势的必然结果。

第六，中部崛起与武汉的教育科研优势。发展的根本问题在于人与人才。2018年4月国家领导人习近平视察武汉时指出，武汉高校众多，很有发展潜力，人才在发展中起决定性作用，要把人才队伍建设好；科技攻关要摒弃幻想，要靠自己，核心技术、关键技术、国之重器必须立足于自身，必须靠自己攻坚克难。

湖北省是一个教育大省。其中，武汉市拥有普通高等学校84所，其中本科类高校46所，专科类高校38所，分别占全省的65.1%、67.6%、62.3%，占全省总数的一大部分。湖北省的7所双一流建设类型高校，武汉大学、华中科技大学、华中师范大学、华中农业大学、武汉理工大学、中国地质大学（武汉）、中南财经政法大学，全部在武汉市，与其他高校、众多科研所形成强大的教育科研网络，多个学科处于国内或国际领先地位，使武汉市成为华中地区的科技与学术交流中心。

武汉由于有众多的教育科研资源，在清朝后期已成为华中地区的技术创新中心。目前武汉在遥感、光伏、氢能源、桥梁与高铁工程设计等领域处于世界领先地位；在通讯、生物工程、制药、激光、新材料等领域处于全国领先地位，并有望在新能源交通工具、太阳能发电等领域获得突破，促进相关领域的进步。

五、结语

总之，由于湖北处在南北、东西交通的双十字口，地理位置优越，又有丰富的铜矿、粮食等战略资源，使湖北及武汉地区一直是长江中游的政治、经济、文化、中心，引领着长江流域的精神特质、经济能量，调配着长江流域的自然和经济资源，对长江上游下游以及北方中原、南方两广的经济、文化发展都有积极影响。

长江文明既有独立起源的成分，又有黄河流域传来的文明因素。同样，黄河文明影响也有独立起源的成分，但明显受到长江文明的推动和滋润。长江文明与黄河文明以及中国其他区域文明之间，是在文化大一统背景下相互促进、相携发展的。尤其是长江上下游地区与湖北地区的文化、经济联系最为密切。荆楚文化是当之无愧的长江文明的优秀代表。

武汉作为九省通衢、首义之都、红色之都，应勇敢担当历史使命，继承长江文明的优秀基因，弘扬优秀荆楚文化，发扬自强、创新、包容、开放的精神特质，坚定文化自信，提升开拓能力和创新能力，抓住长江经济带的发展机遇，建设武汉国家中心城市，引领长江经济带的经济复兴和文化复兴，为中国的经济发展和国力富强贡献应有的力量。

Cultural Heritage and Sustainable Urban Development
—Challenges in the Historic City of Macao

文化遗产与城市发展
——澳门历史城区面临的挑战

ICOMOS 共享遗产委员会专家委员　弗莱塔斯

Maria José de Freitas, Expert member of ICOMOS International Scientific
Committee of Shared Built Heritage

Good afternoon. Thank you. Ni hao. Thanks for being here. I want to thank for the organizers, also the municipality, my dear friends of the Wuhan scientific group for ICOMOS, and all the people here listening to me. I go a little bit back in history to talk with you about Macao, which is a city with four or five hundred years of history located in the southeast area. And the Portuguese arrived there in 1513, coming from Portugal from Europe. They were driving all around Africa, and then Goa, India, Malacca, Manila, Macao, and then all the way to Japan.

So this was, in a way, a commercial route. It was a maritime commercial route, very important by their periods. The city was really important because it's located in the Pearl River Delta. And it was very important because it makes a connection to Canton, or Guangzhou. So this is a strategic geography location. Since December 20, 1999, Macao is a special administrative region of China. According to the principle one country, two systems by the central government of the People's Republic of China, Macao will remain the special administrative region until 2049. So it is fifty years of special administration, which means that Macao is a kind of mini constitution and Macao has its heritage. So Macao was made or built since the very beginning, including two cultures, the occidental culture and also oriental culture.

Figure 1　Macau–Foundation

It's a very small land. Actually Macao is 32 square kilometers. When I arrived, it was around twenty something. Macao is growing because of the reclamation areas. You can see on top the peninsula, in the middle it is the Taipa Island and below is the Coloane Island. So between Taipa and Coloane on there is a big huge reclamation now, which is made by the city for the casino strip. One of the driving forces in Macao is the casinos, as you probably know, but Macao also as its heritage with 400 years of history and this heritage is inscribed or written in the buildings in the urban fabric.

The heritage is there. Since the beginning, during the Portuguese administration, in special arrangement and special agreement with the Chinese government, the heritage was protected. In 1976, the legislation to protect heritage was approved. In 1992, some other buildings were included and there is a map listing all the buildings to protect the heritage. Some people was expecting that after 1999, they can build whatever they want. But in fact, the things continue. And in 2005, the historic center of Macao was successfully inscribed on the UNESCO world heritage list. In 2014 a new law protecting heritage was put in place. And the new law is using the same map that was produced in 1992.

So the buildings, the monuments, the churches, the temples are protected. And also some civil buildings are protected, together with some sites and some courtyards. In this moment, since the management plan is not totally ready, public consultations and the suggestions by the population are analyzed. Because, as you know, UNESCO gives a lot of importance to the opinions of the people, the citizens. And the government in Macao also thought it's important to have their opinions about the safeguard and about all the things to put in place.

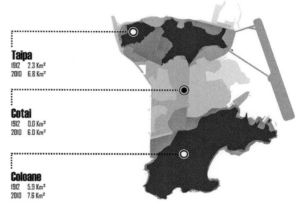

Figure 2   City Growth

So this is the historic center of Macao, and its criteria to be recognized and included in the UNESCO world heritage list. It exhibits interchange of values. It has an exceptional testimony of a cultural tradition. It is an outstanding example of buildings and architecture technology and also an example of landscape that illustrates significant stages in human history. It's directly or tangibly associated with events or living traditions that are still in practice there. And when we talk about living traditions, it is very curious. Because we have there traditions related to Chinese culture, oriental culture. We have Filipinos there with their celebrations. We have Portuguese there with their celebrations. So we have Catholics, we have Buddhists, we have Taoists and all the people, in this small space, 32 square kilometers in Macao, the peninsula has more of the remains. All the buildings, all the colors you see are the monuments classified.

In this map, we can see the situation listed by UNESCO, which is this big area on the left hand side. Here is more or less where the Portuguese arrived in the sixteenth century and all these are along the roads. And in both sides of this road, which is called the main

Figure 3　Macau Historic Center, IC, 2016

road, we have buildings and the temples that show the harmonic mixed cultures since the very beginning. On the right hand side there's a buffer zone protecting the Guia Lighthouse. It was a lighthouse very important in their times for navigation. Nowadays it's not used so on the right hand side you can see geographic satellite photos showing the places, the places are really protected. Not only the buildings are listed but they have a protection area around, which is important. According to the principles of UNESCO, the monument is also to be

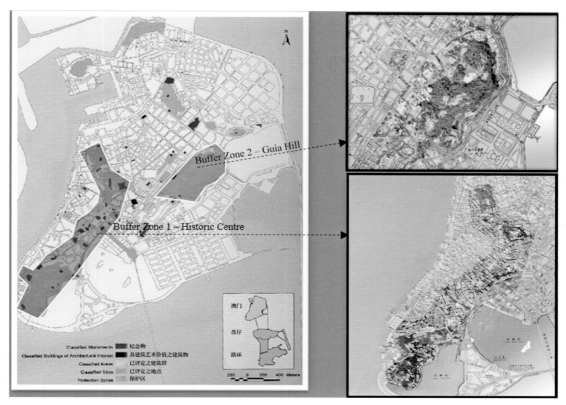

Figure 4　UNESCO RECOGNITION—Maps

seen from outside and being there you need to see. So the idea was to build this reclamation. I mentioned to you before between Taipa and Coloane to build the high rise. But anyway, it is actually so with the rapid development of the city, quality of life and level of urban are required to increase.

On the other hand, the values of the historic city center need to be respected and we need to keep their integrity. So in 2013, as I mentioned, was published this law that was put in place in 2014. But then there are the new challenges. The new challenges are basically related to the gambling situation. In 2002, the government decided to open to the international competition, the gambling, and then this attracts many people and many people, including from the United States. And then Macao nowadays is a kind of Las Vegas of the orient, and the profit is even bigger than in Las Vegas.

So we have these two big directions. In one side, the casinos, casinos bring money and the government has tax and the tax allows the government to have money to protect heritage. But anyway, there are crowds, thirty-two million tourists in this small area is a lot of people and also there's a gentrification and also they sell all types of products and sometimes it's difficult to walk along the streets, it's difficult to see heritage. This is too much. And also the urban grow as you can see the old fabric, the Chinese bazaar there, and also the new buildings growing like mushrooms.

The management plan is not yet ready. And also the master plan is not yet ready. Everything is being negotiated, like levels of protection of heritage, between the government, the people, the citizens association of history, ICOMOS, UNESCO and so on. And something is done.

At this point, I would like to raise some questions. So, what kind of heritage can we show to the visitors? They sometimes just want to go to the casino and play some games. Sometimes they want to go to the city center. And the city center will work like a scenario to make some pictures. They don't care about the history, but there is a narrative, but there is a history, but we have people living there with their own history. And so they are also reacting. They are trying to implement and to keep their own business.

Besides the gentrification in the city center we can see some small clusters around like an urban acupuncture that are growing up and showing that the population are paying attention. They are proud of being included in UNESCO list and they want to go ahead and they want to reinforce their shelter, their protection, their space. So we need to guarantee the sustainability of the city center and therefore also guarantee the sustainability of the city. Because Macao has a history of four hundred, five hundred years. Even before that, the fishermen also have a history. So we need this narrative to be put in place.

And nowadays we have instruments for it. The government has instruments and the government is following the international regulations for it. We are following the methodology; we are doing heritage impact assessment (HIA): screen the situation, collect data, access significance, understand the outstanding universal values of our heritage, check potential impacts, suggest mitigation actions, propose creative solutions, propose implementation phasing and compromise with monitoring. It's very important. We need to have this strategic management plan ready in order to guarantee OUV and this sustainability of this plan should be monitored by HIA, we need to do heritage impact assessment. This is a process. This is not an end.

So the things I mentioned are following their way. We are following the guidance of HIA for cultural heritage by ICOMOS. We are following also *the Burra Charter* process.

In the instruments for urban renewal, we have two ways. We have revitalization through heritage conservation and through adaptive reuse projects. So altogether they can strength the cultural value. And this is important because amorphous sceneries, I mean ruins, have no abilities. So after the conservation, the adaptive reuse, they can become important and the narrative can be displayed. And then they will have a cultural meaning much more rich for everybody. So both situations are relevant to guarantee the sustainability of the heritage and the city.

Now I'm going to show you some examples of this kind of situations. Heritage conservation and adaptive reuse. In this case, this is the facade of an old church, built a long time ago. But in the nineteenth century, 1835, the church collapsed. The church was with wooden structure. The church collapsed, and remained the facade that was built by the Jesuit priests. This was designed by the Jesuit priests. And then on the right hand side, you can see actually, after the renovation, after the conservation works, how it looks like. When I was invited to participate in this project, the engineers were worried about the situation of the foundation of this facade.

Because Macao has not earthquakes, but there's big typhoons. And the facade is quite high, is almost thirty meters high, almost thirty meters span. And they were afraid about the situation of this old facade. And then we did a survey in this area, on the back of the facade.

Figure 5   Wilhelm Heine, St. Paul's Cathedral,1854

Figure 6   St. Paul's Ruins—Rear view Images by the author, 2015

And we discovered some tombs. And this one was important for the architects to further narrative the building. So the building plan in fact shows the cruciform plan of the previous church.

The central area was the main cruciform plane. And there in the middle image, you can see this is a recreation of the stairs. The priests used them to ring the bells. The bells are no more there. The arch was reinforced and this is contemporary architecture in this we are

Figure 7   The Theater Don Pedro

following also international recommendations, namely *the Vienna memorandum* in 2005 that is very clearly saying that we should not do pastiche, we have no way of doing the pastiche of the previous church. So in a way we have the memory of it designed on the floor. And you can see on the left hand side, the people. It is crowded, full of people, every day and especially during weekends.

This is the small museum inside, showing the history of the church before the fire and after the fire, and what happened here. And it was, I would say, the first university of occidental knowledge, in the east, in southeast Asia, run by the Jesuit priests on their way to Japan and on their way to China.

So we have now many events there. We have Macao arts festival, music festival, Lusofonia Festival, parades, Fringe festival. And this is improving economy, education, scientific knowledge. So this is a monument that now as a great impact in the society and can improve the cultural level of the society.

Here we have another situation where also I had the pleasure to work is the Theater Don Pedro, which also dates back to the final nineteenth century and is located in the central area. It was in very bad conditions when the work started. After removing the false ceiling, we discovered some hidden windows that afterwards in the project, the ceiling was removed. And in a way that the theater now can show its own history, its own narrative.

So this is important. This is the spectacular room. And there we have musical concerts, we have theatre, we have ballet, and we have many people. So again, this is improving engineering, architecture, economy, education, and enjoyment.

Figure 8   Leal Senado Square

Figure 9   Macau Contemporary Art Center

The city hall during the primitive period of Portuguese administration was very important. It was very important because it's the building for the administration. And as you can see in the former picture, this one is devoted to cars and was very not so interesting. So nowadays, it's paved for people. So people can walk. We have the paving symbolizing the maritime routes. It's crowded, full of people for economy, for enjoyment.

So now I show you adaptive reuse. This is another building with Moorish style, with the influence of the Moorish architecture also from the beginning early twentieth century. It was like this and now it is like this. So we are again using in this adaptive reuse, keeping the facade. The inside part includes modern architecture. This is the space in front, also full of activities of events and also promoting environment, also promoting the local industries.

This is another place, which is a five-house complex you can see on the right hand side in the Taipa Island near the river. The avenue is called the seaside avenue. The buildings were like this. Nobody goes there. And nowadays this is a museum area with four exhibitions. It has crowds of people here celebrating every weekend they go there. Also the Portuguese speaking countries Lusofonia have their party. You can see the left hand side(Figue 10.3) it was last Sunday and it brings people from Africa, from Brazil, and of course also from Chinese mainland to get together here tasting food, see art exhibitions music, folklore everything.

Enjoyment and festivities are important for people. You see also students here learning about the environment and the birds have their memory and they came here every year even after building the casinos. You can see here the birds still continue to come probably because the space and probably the preservation of these small ponds allow them to come.

The mandarin house is a house from

Figure 10.1   5 Houses Museum in Praia Avenue, Taipa, Before renovation

Figure 10.2   5 Houses Museum in Praia Avenue, Taipa After Renovation, 2018. Photo by the author

Figure 10.3   Multicultural Festival

Figure 11.1   The mandarin house: Sedan corridor of the Mandarin House Before conservation work

a very famous by that time, mandarin, from China, mainland China typical construction. It was like this nowadays is refurbished and renovated again. Education, you see students there learning.

"The history of the buildings that the human race has created over thousands of years is one of constant change." "Political, religious and economic regimes rise and fall; buildings more often than not, outlast civilizations." And I'm quoting Kenneth Powell in *Architecture Reborn*.

So we are following the guidelines for urban development in *Vienna Memorandum* issued in 2005 that I mentioned before:

"Historic buildings, open spaces and contemporary architecture contribute significantly to the value of the city by branding the city's character. Contemporary architecture can be a strong competitive tool for cities as it attracts residents, tourists, and capital. Historic and contemporary architecture constitute an asset to local communities, which should serve educational purposes, leisure, tourism, and secure market value of properties."

We are also following the *New Urban Agenda*, because of the resilience of the societies in the evolution of the historic cities. There are lessons of adaptive reuse. That's what we saw here. Lessons of adaptive reuse, that save energy, that maintains a sense of place. So this is important to keep in to go ahead when we do a renovation in our old cities, in our city centers.

So as conclusion I would say that looking forward into the future, it is necessary to continue to awaken public interest in the protection and the conservation of our cultural

Figure 11.2   The mandarin house: Sedan corridor of the Mandarin House After restoration

Figure 11.3   The mandarin house: Mandarin House–Adaptive Re Use–Education

heritage, so that together we can protect the legacy that belongs to all the world citizens.

Heritage conservation and adaptive reuse of old buildings, along with well-trained guides and all forms of fruitful information in historical sites, can transform amorphous sceneries into powerful cultural places. New tools will diversify tourism offer enhancing the outstanding values of the cities and promoting its sustainability.

Finally, we need sustainability in our heritage in our culture heritage sites; we need places to live, love, enjoy and stay. I'm proud of having President Xi Jinping when he was vice president in Taipa House Museum. And by that time he appreciated a lot the cultural influences that this special place shows and demonstrates. Thank you.

中文翻译

下午好！感谢大家能来参会。我要感谢主办方、武汉市政府、ICOMOS（国际古迹遗址理事会）共享遗产中心我的朋友们以及所有在这里听我演讲的人们。我想回顾一下历史，跟大家谈谈澳门。她是一个有四五百年历史的城市，位于东南地区。葡萄牙人于1513年从欧洲来到这里。他们乘船绕过了非洲，经过果阿、印度、马六甲、马尼拉、澳门，最终到达了日本。

从某种程度上说，这是一条商贸线路，一条海上的商业航线，在当时非常重要。澳门这座城市非常重要，因为它位于珠江三角洲，连接着广州，具有重要的战略意义。自从1999年12月20日起，澳门成为中国的一个特别行政区。根据中华人民共和国中央人民政府"一国两制"的原则，澳门在2049年之前都会保持这个特别行政区的地位。这样一来，澳门就有了为期五十年的特别管理期，能够拥有自己的法律，也能够保持自己的传统。澳门从最开始就是被东西方两种文化共同塑造的。

澳门的土地面积非常小，只有 32 平方公里。我当年来到澳门的时候，澳门只有二十多平方公里。澳门面积的增长得益于填海造陆。大家可以看到，地图上方是澳门半岛，中间是氹仔岛，下方是路环岛。在氹仔和路环之间，有一片很大的填海工程，市政府要在这里建立博彩区域。推动澳门发展的动力之一就是赌场，大家可能都知道。但澳门的城市肌理中还藏着它的历史，它四百多年来留下的文化遗产。

遗产就在那里。从一开始的葡萄牙执政时期开始，遗产就在中国政府的特殊安排与特殊协议之下得到了保护。1976 年，关于遗产保护的立法得到了批准。在 1992 年，新的历史建筑被列入，澳门所有受保护的历史建筑也都被列在了一张地图上。当时有一些人期望到了 1999 年之后可以随心所欲地盖他们想要的房子。但是实际上，遗产保护仍在继续。到了 2005 年，澳门历史中心成功列入了世界遗产名录。2014 年，一项新的保护遗产的法律出台，新法律沿用了 1992 年的那张遗产建筑地图。

建筑、纪念碑、教堂、寺庙、民居和一些遗址、庭院都得到了保护。目前，由于保护管理规划还没有最终完成，公众咨询和对公众建议的分析仍在进行。因为，如大家所知，UNESCO（联合国教科文组织）非常重视公众的意见。澳门政府也认为，对于保障措施和所有需要落实的事情，公众有自己的意见是非常重要的。

这就是澳门历史中心以及它所满足的被 UNESCO 列入世界遗产名录的标准。它展示了价值的交流；它是一种独特的文化传统的见证；它是建筑和建筑技术的杰出范例，也是展现人类历史重要阶段的景观范例；它直接地或者说是有形地与仍在实践中的事件或现存的传统存在关联。我们现存的传统令人称奇。在澳门，我们有中国文化、东方文化，澳门的菲律宾人有他们的庆典，澳门的葡萄牙人也有自己的庆典。在这个 32 平方公里的小地方，澳门有天主教徒、佛教徒、道教徒以及各种各样的人。澳门半岛上有更多的遗迹。所有的这些建筑、这些色彩，都有保护等级的"纪念碑"。

在这张图上（图 4）我们可以看到列入 UNESCO 世界遗产的范围，也就是左边的这个大的区域。这也或多或少就是 16 世纪时葡萄牙人到达的区域。这些都在路边。在这条主干道的两侧有建筑和寺庙，从一开始就展示了和谐的混合文化。在图的右边可以看到一个缓冲区，里面是受保护的东望洋灯塔。那座灯塔在当时的航海中非常重要。现在它已经不再被使用了，你可以在卫星图片中看到受保护的区域。列入保护范围的不仅仅是建筑，还有附近的区域，这一点很重要。根据 UNESCO 的原则，"纪念碑"需要能从外面、从你需要看到它的地方看到，所以澳门进行了填海工程。我之前提到过，在氹仔和路环之间有一个填海区域用于建设高层建筑。但无论如何，实际上也是这样的，城市快速发展，生活质量和城市发展水平都需要提高。

另一方面，城市历史中心的价值需要得到尊重，我们需要保持其完整性。所以在 2013 年，正如我提到的，遗产保护的法律出台，并在 2014 年正式实施。但随之而来的是新的挑战。新的挑战基本上与博彩业有关。2002 年，政府决定对外开放博彩业，吸引了很多很多人，包括很多美国人。现在澳门是东方的拉斯维加斯，博彩的利润甚至比拉斯维加斯还要高。

这样一来我们就有了两个大方向。一方面，赌场可以带来资金收入，政府也可以征税。这些税收又让政府有钱来保护遗产。但无论如何，3200 万游客在澳门这个很小的区域里可以说是很多人了。中产阶级化的发展和各种商品的售卖使得有的时候就连走在街上看文化遗产都是一件很困难的事情。这就有点儿超出承载力了。而且，城市的发展过程中，你可以看到旧的结构，比如中国的集市，也能看到像蘑菇一样生长的新建筑。

澳门世界遗产的保护管理规划还没有完成，城市的总体规划也没有完成。诸如保护的等级等问题，一切都还处在当地政府、民众、公民历史协会、ICOMOS、UNESCO 等诸方的商讨中。商讨也取得了一些成果。

在此，我想提出几个问题。我们可以向游客展示什么样的遗产呢？他们有的时候只是想去赌场玩一玩，有的时候则想去看看市中心。市中心提供给他们一个场景，可以让他们拍照。游客其实不关心历史，但是城市是有故事和历史的。城市中有民众生活，他们也有他们自己的历史，也会对现状做出反应。他们也试图落实并保持自己的业务。

除了市中心的中产阶级化，在周围我们也能看到一些小的组团。它们像城市的穴位一样，也在成长发展，展现了人们的关注。这里的人们也对澳门历史中心被列为世界遗产而骄傲。他们希望澳门能继续发展，庇护他们的居所与空间也能够得到加强。所以，我们要保证城市中心的可持续性，这也就是保持城市的可持续性。澳门已经有四五百年的历史了。在四五百年前，居住在这里的渔民也有他们的历史，我们需要把这些故事讲清楚。

现在，我们有了一些可用的工具。政府使用这些工具的同时，也遵循国际的准则。我们采用了一些方法，如 HIA（遗产影响评价），来筛选现状、收集数据、获取重要信息、了解遗产的突出普遍价值、检查潜在影响、提出缓解行动建议、提出创造性解决方案、建议分阶段实施以及在监测方面有所折中。这非常重要。我们需要准备好这样一个战略管理计划以确保遗产的突出普遍价值，而这一计划的可持续性应该由 HIA 来监控。我们需要这个遗产影响评价，这是一个过程，而不是结果。

所以我提到的这些事情都是按照它们的方式进行的。我们遵循了 ICOMOS 提出的对文化遗产的 HIA 的指导。我们也在遵循《巴拉宪章》。

在城市更新的工具中，我们有两种方法。通过对文化遗产的保护和适应性再利用项目实现遗产的活化。总的来说，这两种方法都可以增强遗产的文化价值。这很重要，因为虚无的风景，或者说是废墟，是没有这个能力的。经过保护或适应性再利用之后，它们可以变得重要，它们的故事也可以被展示出来。它们对每个人来说都会更具文化意义。所以，两种情况都与保持遗产与城市的可持续性有关。

现在我要给你们看一些这些情况的例子——遗产的保护与适应性再利用。在这个例子里，我们可以看到一个很久以前建造的老教堂的正立面（译者注：指的是大三巴牌坊）。19 世纪的时候，在 1835 年，这座木结构的教堂倒塌了，只剩下这个耶稣会牧师建造的正立面。这个里面也是由耶稣会牧师设计的。在右侧这张图上大家可以看到它修缮之后的样子。当我被邀请参与这一项目的时候，工程师们因为这个立面的地基而感到担忧。

因为澳门没有地震，但是会有很大的台风。这个立面非常高，大概有 30 米，宽度大概也有 30 米。他们都很担心这个立面的状况。随后，我们在这个区域做了调查，在这个立面的背面，我们发现了一些坟墓。这一点对于建筑师后期讲述这个建筑的故事是非常有用的。原始的教堂建筑平面是十字形的。

中心区域是主要的十字平面。在中间这张图片中，可以看到我们重新修建了一个楼梯。以前牧师们就是用这样的楼梯到钟楼上敲钟的。钟现在已不在了。拱被加固了，使用的是现代的建筑形式，我们在这一点上遵循了一份国际文件——《维也纳备忘录》（2005）上的原则。《维也纳备忘录》中明确表示，我们是不能做仿古的。原来的教堂怎么仿也仿不出来。所以，在某种程度上，我们的记忆是设计在地板上的。你可以看到左边那张图上的人。现在这里每天都很拥挤，挤满了人，尤其是周末。

这是里面的小博物馆，展示了教堂火灾前后的历史以及这里发生过的事件。这里可以说是东亚和东南亚的第一个介绍西方知识的大学，由耶稣会牧师在他们前往中国和日本的途中开办。

现在在这里我们举办很多的活动，例如澳门艺术节、音乐节、葡语国家的节庆、游行，还有艺穗节等等，这些可以提高经济、教育和科学知识水平。所以这个教堂立面已经成为一个纪念碑，它在社会上产生了很大影响，能够提高社会的文化水平。

还要介绍我有幸参加的另一个项目——冈顶剧院。它也是 19 世纪末的建筑，位于澳门的中心地区。修缮工程开始的时候状况非常差。在拆除假天花板后，我们发现了一些隐藏在其中的窗户。在后期修缮工程中，假天花板被移除了。这样一来，这个剧院就可以展示出它自己的历史。

这是很重要的。这个房间很壮观，我们在这里举办音乐会、上演戏剧和芭蕾舞，也有很多的观众。而这也推进了工程、建筑、经济、教育以及娱乐的发展。

在葡萄牙统治的最初时期，市政厅是非常重要的。因为这是处理行政事务的大楼。在前一张图片中你可以看到，这里是供车行的，没什么意思。现在这里是人行道，人们可以在这里散步，人行道的铺设也有与海上航线有关的象征。因为经济以及娱乐的原因，这里现在非常拥挤，到处都是人。

所以现在我为大家展示适应性再利用的例子。这是一个摩尔风格的建筑，它受到了 20 世纪初摩尔建筑的影响。它曾经是这个样子，现在则是这样。我们对它采用了适应性再利用的方法，保留了外立面，里面则用现代建筑改造。这是它前面的空间，充满各种事件的活动，也改善了环境，促进了本地产业的发展。

在右边的图上大家可以看到另一个地方，氹仔岛上的五幢别墅，离河很近。这条大街叫作海滨大街。建筑以前是这个样子，没有人去。现在这里是个博物馆区域，有四个展厅。这里现在每个周末都有成群的人来庆祝，葡语国家的文化节也在这里举行聚会。左边这张图（图 10.3）是上个星期天，来参加聚会的人来自各地，有非洲的，有巴西的，当然也有中国内地的。大家聚在这里品尝美食，参观艺术展览，听音乐，还有观看民俗活动，等等。

享受和庆祝活动对人们来说很重要。大家可以看到，这里的学生在学习环境知识。鸟类也有它们的记忆，它们每年飞来这里，即便是在建造了赌场之后，这里的空间以及小池塘的保护给了这些鸟类飞回来的理由。

郑家大屋是当时非常有名的一个房子，是典型的中式建筑。现在它是这样，已经重新整修，具有教育意义。大家可以看到学生在这里学习。

"人类几千年来创造的建筑的历史是一个不断变化的历史。""政治、宗教和经济制度起起落落，建筑往往比文明更持久。"这是引自肯尼斯·鲍威尔（Kenneth Powell）在《建筑重生》中的话。

所以，我们遵守我之前提到过的，2005 年发布的《维也纳备忘录》中关于城市发展的指导方针：

"历史建筑、开放空间和当代建筑可以彰显城市特色，从而极大地提升城市的价值。当代建筑可以吸引居民、旅游者和资金，因而是有力的城市竞争工具。历史遗产和当代建筑共同构成当地社区的资产，应为教育、休闲和旅游服务，确保这些遗产的市场价值。"

我们也遵循了《新城市议程》，因为随着历史城市的演进，城市社区的韧性受到考验。我们在这里看到了一些适应性再利用的经验。通过适应性再利用，可以节约能源，保持场所意识。

作为结论，我想说，展望未来，有必要继续唤起公众对保存和保护我们的文化遗产的兴趣，这样我们才能共同保护属于全世界公民的遗产。遗产保护和老建筑的适应性再利用，加上训练有素的导游和历史遗迹各种形式的丰富的信息，可以将无定型的风景转化为强大的文化场所。新的工具将使旅游业多样化，提高城市的突出价值，促进其可持续性。

最后，我们需要文化遗产的可持续性，我们需要生活、爱情、享受与居住。我非常骄傲习近平主席在他还是副主席的时候曾经参观过我主持修缮的氹仔房屋博物馆。当时他很欣赏这个特殊的地方所显示和展示的文化影响。谢谢大家！

无界对话

无界对话一：文化线路与长江大保护

丁援博士：我们下面进入对话环节。除了李晓峰老师、万增教授，我们还邀请到了冈萨雷斯教授。冈萨雷斯教授来自西班牙，他长期在上海，是同济大学的一位客座教授。还有一位是我们教席的项目专员许颖博士，我们五位聊一聊文化线路和长江大保护这个题目。

今天我们讲的这个题目是文化线路。1993 年西班牙的圣地亚哥朝圣线路成功申报了世界遗产。1994 年，作为一个概念，西班牙的专家就首先提出了"文化线路"，文化线路这个概念也逐渐从西班牙传入整个的世界范围内。1994 年在西班牙开的那次非常重要的关于圣地亚哥朝圣线路的会议，奠定了文化线路作为学术术语的基础，到 2005 年左右，基本上在 ICOMOS 得到了承认。我本人 2008 年参加了魁北克的 ICOMOS 大会，那次大会也通过了一个非常重要的《文化线路宪章》。从此，文化线路进入到世界遗产的、法定的序列。你如果界定它是文化线路，比如说丝绸之路这么大范围的一个尺度，它是可以成为一个世界遗产的。现在的文化线路我觉得一方面是文化的，另一方面也是自然的，我们今天听到万增教授讲的偏自然，也觉得很特别。在国际上，强调得多的有一个词叫绿道（Green Way），因为正好我们这次的主题发言里也有东湖绿道，所以这次我们也讲了很多。万增教授，您也看了一下我们的江滩，您能不能结合文化线路，讲讲对武汉的认识。您是第一次到武汉吗？

万增教授：Yes, it is my first visit to Wuhan. And the cultural routes are along the rivers. They are the ways of communication, of exchange, of information. Rivers have played a very important role in the exchange of culture, but due to the specific nature, rivers are also creating their own culture, that is what we call river culture. So we adapted mechanisms in organisms but also in adaptive traits by using natural resources. These link to the river and we have very clear data that people have their effective linkage to the river they love. Rivers create identity, just as you have talked about the river, cities and peoples they are talking about the cities as the city sits at the river. This is very important, earlier in another talk, the presentation was about recreating Beijing. It's not only about Beijing, post-industrial cities are now reinventing their identity, and recreating their new character. Now we have increasing water quality, which is very important for the effective linkage to rivers. The water in the Yangtze was stinky. I don't like it. But if the water quality is good, and I want to go bathing in the river. Mao Zedong crossed the Yangtze River several times, and today we have big cities in the world, Paris and London, with water quality getting better. People want to be bathing in rivers. They want to have this feeling, their identity with the river. So it comes from emotional parts, in some areas it comes from spiritual part, and in other areas it comes from traditional usages and this is something that we have to preserve, because it also gives us ideas for management for urban planning. We need these emotional aspects. I'm a natural scientist, so it's non-natural science aspect, social science aspect of it to motivate people for action and participation in the political process. This is the driver of all these approaches. We are currently summarizing urban river restoration approaches all over the world in fast developing countries. Everywhere we have the same problems, they are identical, but they have really the same backgrounds all over the world. We can exchange them. The crucial point is always that how we motivate people to take action because water, especially urban rivers, there are so many differences status quos with so high-individualized interests. We have to bring them here around one table and then let them discuss how this could be made better. And here go back to my talk, the traditional human cultures, but also all the billion years of mother nature can help us to develop human cultures.

丁援博士：谢谢您，讲得非常好。万增教授今天上午非常高兴，拉着我们合了很多影，说一定要和我们的教席团队照相。您旁边的也是我们教席团队的李晓峰老师。现在华中科技大学也花了很大的力气，在建立文化遗产这个专业方向，李老师是这个方向的负责人。李老师，请您给大家介绍一下。

李晓峰教授：刚才丁博士提到我们从学校教学和学科建设上面来看的话，都在做一些跟遗产（保护）相关的事。当然主要的是在最近几年已经开始做遗产保护的方向，下面在座的何依教授，加上我本人，还有其他几位教授一起，在遗产保护方向从本科的大四就开始做这样一个工作，那么将来这些同学就是从本科毕业出去以后，有可能从事遗产保护方面的工作，当然也有可能做其他的工作，但是会有遗产保护的一个理念和思想。这个是我们目前从学科上面的情况做一个简单的介绍。刚才说到研究，我今天的汇报，特别想表达的一个意思，就是看待这个河流，刚才说大江大河，不仅仅只看到它的自然的一面，而应该用这个文化的角度去看待河流，叫河湖文化和河流文化。这方面的文化，我今天主要是从聚落的角度去探讨跟河流的关系，但实际上很多人并没有，我们中国很多人，普通的老百姓也好，包括政府官员以及学界，都有很多人，并不认为这是一个好像观点多大的事，但是我自己经过若干年的摸索和探讨，越来越觉得我们应该从认知上有一些突破，也就是说不能看到这些乡村在衰败，就认为它价值就没有了，实际上它有遗产的价值。不能看到这个城市在变迁了，就认为这个城市一定要变成全新的，实际上它的遗产的价值也应该保留下来。城市也好，乡村也好，在沿汉江流域的分布都是有它们的遗产特征。如果能够把这些遗产特征认知清楚，能够把它们串起来进行研究，甚至做一系列的保护，我想这是非常有价值、非常有意义的一件事情，也是我们所倡导的所谓的文化复兴这个宏伟目标，我觉得必须应该走的一步。

丁援博士：谢谢李老师，我觉得李老师刚才讲的有两点非常重要，第一是谈到一个系统性的价值，还有一点是李老师今天在演讲的最后提到了文化线路作为世界遗产，这样一个申报世界遗产价值的研究，我觉得这其实也是我们"ICOMOS–Wuhan无界论坛"一直在追求的。2012年第一届无界论坛是在华中科技大学举办的，当时多位 ICOMOS 专家就探讨过，后来武汉在这方面其实做了很多的探讨，下面请许颖博士跟大家聊一下。

许颖博士：好，谢谢各位给我这样的一个机会，在这里跟大家一起探讨关于文化线路的问题。关于武汉的文化线路，我们最近有一个申遗的项目，就是万里茶道。万里茶道是中国、蒙古和俄罗斯三个国家共同进行研究和申报的。从世界遗产的角度来说，它当然是一条文化线路，而且这条线路非常长，它有不同形式的遗产，比如建筑遗产、非物质文化遗产，这条线路上也有许多文化交流类的遗产。

但从武汉这座城市的角度来看，其实它的遗产意义并不仅仅在于此。长江是中国最重要的一条河流，从汉朝开始，长江的地位就是所有河流里面最高的。昨天万增教授问了我一个问题，为什么中国古代的神话故事里面没有关于长江的故事？确实，关于长江的故事很少，为什么少？因为长江太宽、太大了，它一直以来就是一个阻碍。但是汉水就不一样，我们在诗歌里面说"谁谓河广，一苇杭之"，汉水是可以通过的。长江慢慢地从像一个藩篱一样的把人隔开的东西，变成了像汉水一样的城市中间的一条河流，其实经过了很漫长的过程。武汉在这个过程中，具有很高的地位。我们打开世界地图可以看到，拥有两条河流交汇的地方，在世界各地很多都是三个城市，武汉虽说是三镇，但是其实是一个融合在一起的城市。在武汉近现代转型的时候，汉口有租界区，汉阳有工业区，武昌也有很多教育的、工业的、商贸的区域，这些都把城市紧紧地联系在了一起。所以在探讨武汉的世界遗产价值的时候，可以说武汉实际上是中国近现代转型的一个非常具有代表性的城市，也是东亚社会融入近现代社会的一个缩影。武汉有非常丰富的工业遗产、教育遗产和城建遗产以及各种与近现代转型有关的文化景观，放眼中国，这些遗产的价值也是非常高的。从长江流域来看，上海最先开埠，然后是武汉。武汉作为一个中部的城市，拥有大量中西融合的文化遗产，它也是长江这条文化线路上一个非常重要的节点。所以从小的方面来说，武汉本身是有文化线路的，从大的方面说，武汉则是长江上面最重要的一环。

丁援博士：谢谢许颖博士。我们现在说文化线路的一个重要的特征是整体大于局部之和，要讲文化线路就要提炼它的一级概念。武汉有 3500 年的历史，又是近代型的城市，它的一级概念在哪个地方？我觉得现在谈长江大保护的时候，倒是可以从文化线路的角度对武汉的历史文化文脉进行一些梳理。我还想问一下冈萨雷斯先生，您现在是常住上海，对吧？武汉和上海正好是长江的中游和下游，您应该是第二次来武汉，能不能谈谈上海、武汉在遗产保护方面的一些不同？因为您有欧洲的背景，两个城市也都来过。能不能就此跟我们聊两句？

冈萨雷斯：Thank you, and that is a very challenging question. I think it's important to consider in both cases how the river culture has influenced so strongly the material culture. For example in Shanghai, to think of its character，its very important dynamic personality in economic terms, how these sources are strongly rooted in geography.

In Shanghai, what we appreciate is a strong way of how a production of narrative is really important for creation, not only in the industrial heritage for tourism, but also how it is reinforcement on the character and personality. In this sense, it would be necessary to think about how different stages form history of Shanghai.

I'm not so familiar with history of Wuhan, but once again, I would like to highlight the importance of the history we produce. And cultural routes have a very important role in heritage preservation.

丁援博士： 谢谢冈萨雷斯教授，我非常高兴看到雷斯教授代表同济大学过来。很多听众也是远道而来，有没有一些问题想问问我们在座的几位专家？我们还有十分钟的提问时间。

现场提问：Dear professor Wantzen, thank you so much for your wonderful research. I have a question for you. With the urban construction and urbanization, different cultures mix together, how to balance the construction with cultural effects and biodiversity, thanks a lot!

万增教授：Let me explain in two parts. The first part is，as James Reap has put this morning, we of course have to adapt any kind of solution to local setting, and preferably build upon the culture that is still existing. And this is often depending on memory. We often have lost the memory because several generations are now living with totally polluted rivers, so people have to go to the museum in order to find out the place that we're able to swim in. So we really have to have a kind of cultural archeology to find out that we can transform these ancient traditional norms into modern norms, and to interpret them into our urban planning, or into our economics. The second part, how to combine biodiverse conservation with urban planning and recreation of these memories of outer-sides. We have done a lot of studies, which has restored some rivers and some fish species are coming back. We have combined high-tech models with social models, with experience of people. And we have to learn more about our compatibility with nature, how to live together with animals and plants.

丁援博士：谢谢你的提问，还有朋友能提一个问题吗？

现场提问：刚才听了李晓峰教授讲的关于汉江流域文化的遗产研究，我的家乡就是在襄阳，（我）是在樊城长大的，听了非常感动。也感谢我们有这样的一个对汉江流域的研究。我的疑问是，更多的人研究的是过往的历史，也就是文化遗产。其实城市目前也在发生变革，也在提可持续发展。想请教一下李教授，在今后的城镇发展过程中，如何做到可持续发展？谢谢您。

李晓峰教授：谢谢你关注这个题目。非常大，也非常难回答，因为涉及城市未来的发展问题。我关注的内容主要还是从汉江流域的角度如何去看待沿江的文化遗产。襄阳城包括襄阳和樊城，都非常有历史价值、有很多故事和历史记忆。它的发展变迁已经经过了千百年来的历程，到今天从遗产的认知角度来看，应该说是非常有价值的。但是未来怎么走，我觉得还是应该从现实的状况着手讨论，看看现实状况是什么样的。城市在发展，周边的乡村也在城市化，这个过程我觉得时间可能会比较长。但是襄阳如何能够走到所谓的理想的状态，而且理想的状态是什么样的情况，那都还是个未知数。

我想有一点可能是更重要的，就是我们关注城市的本体，关注城市的生活，关注人群，而不仅仅是经济指标。我一直认为城市的发展，不仅仅是一个经济指标、GDP 的问题，更多的还是一个文化的延续问题。我在襄阳做过一些项目，现在都已经没有了，我就特别遗憾。比如定中街、陈老巷那一块，我们曾经做过保护规划，但是规划还没做完就已经被拆掉了，这就是对历史价值的认知不足。开发商追逐利益，政府想要开发新城，都没把历史文化的重要性和意义看得很透。这是十多年以前的事情，我想今天应该有所不同了，从中央高层到地方政府都认识到历史文化传承的重要性，而且特别提到了弘扬文化。遗产保护是我们的工作，也是对这个发展方向的一种回应，相互之间都应该是不矛盾的。遗产保护做得好，跟城市的发展应该会相互促进，所以我们也希望你的家乡，未来的襄阳会发展得越来越好。谢谢。

丁援博士：谢谢李老师，谢谢大家。今天研讨会提了很多次文化线路，其实这个词我觉得也不是个常用词。对于很多人而言，说线性遗产，说文化廊道，说廊道，说绿道，这些词说了很多，但是今天说了很多"文化线路（Culture Route）"这个词，我希望这也是一种视角，哪怕会议结束了，可能很多内容记得不是很清楚，但是我希望文化线路这个词汇大家能带回去，以后我们再继续思考文化线路，思考线路文化。

无界对话二：遗产保护与城市发展

尹卫民先生：今天我们来参与对话的几位专家，我觉得还是很有代表性的，有来自苏州代表东方文化的专家，有来自西方有悠久历史的巴塞罗那的专家，更有体现"一国两制、澳人治澳"的澳门代表。何依教授当属学院派，我来自武汉地产集团，我们集团是武汉城市建设的主力军，当属实践派。我们这里既有东西方代表，还有来自澳门特别行政区的代表，同时还有学院派、实践派，应该能够碰撞出智慧的火花。

我先简单地介绍一下武汉地产集团在文化遗产和城市发展中的一些实践。武汉市在 1986 年被国家列为第二批历史文化名城，有着丰富的文化历史。近十年来，我们集团在汉阳和武昌的旧城改造中，陆续新建了琴台大剧院音乐厅和辛亥首义文化园，这些项目为老城区的城市复兴提供了强大的动力。针对国家级文保单位——盘龙城遗址，我们建设了盘龙城遗址公园，被誉为国家大遗址保护的典范。为更好地保护我们国家最大的可移动国宝级文物——中山舰，我们修建了中山舰博物馆。另外在城市的公共空间及老街区改造中，我们建设的东湖绿道和中山大道改造工程，也都获得了国际上的认可。目前我们正在策划和建设的文化遗产项目，包括江夏区的金口古镇、龟北片的工业遗产、武汉体育馆、武汉剧院的改造项目，都是地产集团在文化遗产方面的一些实践。今天很难得，邀请到了何依教授。何教授是我一直很仰慕的一位专家，我拜读过何教授的一篇文章，叫作《后名城时代》，里面讲到了名城的一些现状。何教授说，一方面是空间的碎片化，历史街区取代了历史城区，片段保护取代了整体保护；另一方面是时间的扁平化，现代建筑大面积替代了传统建筑单一秩序，替换了复杂结构等等。我非常认同，想请教一下何教授，您对武汉的后名城时代有些什么想法？谢谢。

何依教授：谢谢，刚才主持人说我是学院派，实际上不是很准确，我也是个实践派。我如果说是有些学术积累，实际上都在实践的基础上。我经常跟学生说的一句话就是"来自实践，高于实践，再回过头来指导实践"，这个是我们做学术的一个方法。刚才主持人说到我一篇论文，那篇论文的全名是《走向后名城时代》，然后下面有个副标题是"历史城区的建构性探索"，讲的是我在宁波历史文化名城进行规划实践的一些思考。这篇论文有一个很重要的前提，就是说我们国家在1982年设立历史文化名城制度的时候，有一个很重要的初衷，就是要守城，守住这些古代城市的一些完整性。那么我们也知道在改革开放的城镇化的浪潮当中，我们守城走到今天，实际上已经从城里撤退到街区去了。

我们现在看到的更多的聚落遗产是乡村的，城市里面很难看到完整的"城"了，我们看到都是街区。在这样一个背景下，我们现在这个"城"还在不在？我们是不是要面临着一个弃城守街的遗产的重新定位？在这样的思考下，后来我就提出，我们的城虽然已经不完整了，但是在深层次的结构上面，我们的城依然还在。

我们工作室前两天做了一个讨论，是希腊的一个很有哲理的问题，就是特修斯之船。这个故事讲的是什么？古代的一个希腊人有一个战利品，叫作特修斯之船。这艘船是一艘很大的船，他们把它放在海边，经过风吹日晒之后，船上的甲板每年或者是隔一段时间就要替换一下。最终船上的甲板全部替换光了，这艘船是不是还是原来那个战利品？这实际上跟我们现在从遗产的角度上来考虑历史城区，武昌也好汉口也好汉阳也好，实际上都有相似的地方。尤其是武昌，我们都知道武昌的古城墙没有了，但是这个环城马路代替了城墙，我们依然清楚这个城的概念。但是武昌城里面的那些历史建筑，就像一块块木板一样，逐渐就会替换光了。实际上我们现在真正的传统风貌在武昌、汉口、汉阳几乎都不存在了，剩下的就是这个型，或者我们刚才说就是那个船的这样一个形式，一个壳子一样的东西。

　　那么中国历史文化名城经历了这样一个发展过程之后，我们对它们的原真性和完整性要怎么样去思考？我认为只要历史结构还存在，就是这个框架还存在，我们这个城就还在，我们只不过要换一种保护方法，对它的价值重新进行认定而已。武汉的历史文化名城是非常有特色的，我们有三座城一个租界，我们在历史街区做了一定的工作之后，应该上升到城的层面上，使这座城在未来的现代化的发展过程当中，还仍然是一个城的概念，以一个城的存在继续延续下去，我想在这个方面应该可以做更多的工作。

　　尹卫民先生：谢谢何教授，说得非常精彩。配合我们的无界论坛还有一个无界行走的活动，我和施老师一起在苏州参加了。一路上，施老师对文化遗产流露出了由衷的、溢于言表的热爱。对于文化遗产保护做得不好的方面，他那种痛心疾首的态度，我们也是由衷地体会到了。园林代表一种生活，现在的生活方式、物质条件和古代有着明显的不同。我想请施老师再深入地讲一下，你对当代园林如何继承和创新古典园林这方面有些什么想法？谢谢。

　　施春煜先生：有些人会问，当代为什么造不出像明清时期那样精美的园林。其实我个人认为这个问题就问得不对，因为我觉得当代也有很多非常精美的园林，只不过是他们可能没有看到而已。我觉得就苏州园林而言，每个时代的发展，每个时代形成的特征也是不一样的。每个时代所具有的特质没有什么高下之分，驱使这种时代特征发生变化的主要因素不是精神层面的，而是物质层面的。我们现在看到的苏州园林，是明清时代形成的风貌和形态。但实际上，苏州园林里面也是有一些近代化特征的。只不过是那些园林并不是热门的旅游景点，大家可能没有去。当代苏州，因为经济上的发展，近年来又兴起了一股造园的热潮。从明清之前到明清时代，然后到中国的近代再到当代，整个过程中，苏州园林变化的一个最明显的特征就是它的材料和使用居住的功能。我们在这次无界行走的时候，也看了一个当代新建的仿古典的园林。我们可以感受到这个新的园林在使用居住功能方面的新时代特征。实际上在明清时期，园林也是要考虑这种使用居住功能，只不过是我们是作为游客去参观一个旅游景点，没有向大家展示出它这个方面的功能。

当代园林文化的发展，其实并没有什么可令人担忧的。实际上，园林文化现在也很兴盛。有经济条件的人，如果有一大片土地，可能会造一个非常精美华丽的园林。作为普通的老百姓，大家蜗居在可能是一百多平方米的公寓里面，也可以通过一些像花花草草、小盆景的方式来实现对园林生活艺术的追求。其实我觉得这种追求从古至今都是一样的。但是，大众对园林文化的认知或者说是审美的能力，我觉得目前还是不够的。不过随着社会的发展，这些能力也会慢慢提高。其实，在明清时期，也就是苏州园林发展的鼎盛时期，也有精品园林和比较平庸的园林。精品园林经过大浪淘沙被后世记住流传到现在，很多平庸的园林作品可能就被大家遗忘了，退出了历史舞台。今后也是一样，我觉得园林文化的发展其实应该是一个自由自然的状态。不是说我们硬要去怎么样，硬要去给它制定一个目标，制定一个方向，这是我的一点认识。谢谢。

尹卫民先生：苏州园林的保护，是整体性保护和活态保护。苏州的园林我们觉得很有特色，有很多地方值得武汉学习和借鉴。

现在我们进入互动环节，机会难得，在座的各位可以请教一下我们国内外这些顶级大咖！

观众提问：想请何教授给我们介绍一下对武汉市工业遗产保护现状的评价。

何依教授： 工业遗产方面，我研究的还是不够，但是也有些自己的基本认识。我是这么思考的：我们中国的发展模式实际上是超常规的。为什么说超常规？我们有一个非常漫长的农业文明的时代，在我们的工业化刚刚开始的时候，就面临着很多社会变革。民国时候先是军阀混战，然后是抗日战争，然后是解放战争。到了新中国时期，刚刚开始工业化的建设，例如"一五"计划和苏联援建的 156 个项目等等，又遇到了十年"文革"。在十年"文革"结束之后，我们又马上进入改革开放。那改革开放以后，世界范围内已经进入了一个信息化的时代。中国为了在世界发展进程中不掉队，又快速地转型，进入信息化时代过程当中。

这说明什么？实际上我们国家的工业化时期非常短暂，还没有怎么开展，就受到了信息化时代的冲击。在这样的背景下，我们能留下的工业遗产弥足珍贵。为什么？整个人类文明的进步，它是有规律的、有步骤的，一步也不能少，我们中国的工业化时代虽然非常短，但是还是有很多有价值的内容。我们为什么要留工业遗产？实际上是想留下一些我们城市发展、人类文明进程当中的一些物证。这些遗产，不是在博物馆里面，也不是在文档资料当中，它们是城市空间的物证。但也不是说所有的工业都能够作为遗产保留下来，我们首先要做好的工作，就是对现有的工业做一个评估，找出有价值有特色，能够代表武汉工业化时期的典型性的物证，然后把它们好好地保护下来。

在评估之后，我们要具体地列出工业遗产的名录，然后实施一些保护对策。不在名录当中的，随着我们现在城市的发展建设，可能该拆的也势不可挡；但是一旦列入名录之中，我们要怎么样保护，可能得面临着更多的思考。我觉得还是一个再利用的问题，要让工业遗产融入今天的城市建设发展当中，成为一种优势资源，跟后工业化时代的进程相互印证。

尹卫民先生：我国现在正处于城镇化发展的高速期，这也包括众多具有悠久历史传统的名城，它们都以规模化和单一的模式，扩展着原有的城市规模，于是城市失去了其独有的文化特征。发展经济是当今世界的主旋律，但是失去记忆的城市并不是我们梦想中的城市。刚才几位专家的演讲及发言都提到，实际上文化遗产并不是城市的包袱，而是城市的宝贵财富。我们要将城市的可持续发展与保护文化遗产的关系处理好。最后还是回到我们的主旋律，今天上午周市长在致辞中也谈到了，习近平总书记近期在广东考察时指出，城市规划和建设要高度重视历史文化保护，不要急功近利，不要大拆大建，要突出地方特色，注重人居环境改善，更多采用微改造这种绣花功夫，注重文明传承、文化延续，让城市留下记忆，让人们记住乡愁。

综述

从保护到认同与实践:《ICOMOS 文化线路宪章》十年的回顾与实践

——来自第七届 ICOMOS-Wuhan 无界论坛的观察与评述

马志亮　许颖　丁援

摘要:2018 年 10 月底聚焦"文化线路"的第七届 ICOMOS-Wuhan 无界论坛正好距离 ICOMOS《文化线路宪章》通过十年。来自联合国教科文组织(UNESCO)、联合国人居署(UN HABITAT)和国际古遗址理事会(ICOMOS)的国际专家以及中国学者、规划建筑设计专家集中探讨了文化线路在城乡可持续发展中的角色问题。从"文化线路的科学保护"(2009 年无锡论坛主题)到"人文·人居·新时代"(本次论坛主题)的发展,不仅仅是文化线路,也是文化遗产保护领域十年来理论与实践发展的总结与缩影。

关键词:无界论坛;文化线路;可持续发展

"文化线路"遗产类型肇端于 1993 年的圣地亚哥·德孔波斯特拉朝圣之路的西班牙部分申遗成功,其正式的理论构建则始于次年的马德里"文化线路"专家会议。此后十余年间,各国学者贡献出了大量具体的遗产线路,其中五条被列入《世界遗产名录》,[①]并召开多次国际学术会议,探讨"文化线路"概念,集中探讨文化线路遗产进入《世界遗产名录》的路径。2008 年 11 月 4 日,国际古迹遗址理事会 (ICOMOS)第 16 届大会在魁北克通过了《ICOMOS 文化线路宪章》,基本形成了较为完善的"文

[①]　分别是圣地亚哥·德孔波斯特拉朝圣之路(法国段)(1998 年)、乳香之路(阿曼,2000 年)、格夫拉达·德·乌马瓦卡(阿根廷,2003 年)、纪伊山脉的圣地和朝圣路线(日本,2004 年)以及香料之路——内盖夫的沙漠城镇(以色列,2005 年)。

化线路"话语体系，确定为其作为世界遗产类型之一。

本届无界论坛不同于 2009 年无锡论坛的科学保护"文物圈"范畴，重点落在了"文化线路"理论的活化利用上，强调在实践中城乡发展，特别是人居的内核并拓展外延。论坛上，中国科学院和中国工程院两院院士吴良镛先生发来视频发言。吴先生指出：当前人类正经历着规模巨大、速度空前的人居环境建设，纷繁矛盾、复杂问题和尖锐挑战对人居科学理论创建和实践创新提出了迫切诉求。而这要求"文化线路"在改善人居环境方面发挥更大作用。在本次大会上，来自西班牙、葡萄牙、法国、德国、美国等国的 7 位外国专家，与众多颇具国际影响力的国内相关领域专家学者悟言一室，回顾各自近年来有关"文化线路"的理论研究与实践应用，畅谈"文化线路"在城乡可持续发展中的角色问题。

本次学术研讨会作为 2008 年以来首次召开的"文化线路"国际学术研讨会，对于推动"文化线路"理论与实践的结合与共同进步具有一定的承上启下意义。

本次"文化线路"研讨会的主要内容可以从以下三个方面展开：

1 "文化线路"的概念总结

1.1 "文化线路"概念的提出、扩大与进一步丰富

国际古迹遗址理事会顾问委员会顾问、国际古迹遗址理事会科学委员会协调人、美国乔治亚大学教授詹姆斯·瑞普讲述了"文化线路"概念的演变。他认为这一概念自 20 世纪五六十年代开始逐渐形成，反映了不同时期的不同文化、信仰和生活方式。第一份关于"文化线路"的全球声明来自联合国教科文组织和 ICOMOS，明确指出一条遗产线路是由有形的元素构成的，其文化意义来自跨越国家和地区的交流和多维度的对话。

欧洲委员会扩大了这一概念，认为一条"文化线路"不一定非要是一条可以走的路，它可以由博物馆、市民、各级市政府等文化利益攸关方共同组成，也可以涵盖各种不同的主题。欧洲委员会的"文化线路"概念既为休闲和教育活动提供了途径，也成为负责任的旅游业和可持续发展的关键。此后，"文化线路"的概念循此

脉络继续扩展,"文化线路"不仅可以是一段时间内存在的一条线路、一条实际存在的线路,也可以由一系列的文化和历史上的重要因素共同组成,它可能从未在历史、空间和时间上存在过。

这一概念在美国得到了更广泛的应用,由此带动了旅游业的日益繁荣,而美国的大量文化遗产也因此得到较好的保护和利用,从而令"文化线路"构筑起通往社会、经济和人类发展的桥梁。由此带来的结果就是,社区的社会和经济发展也被纳入"文化线路"的关键概念之列。美国的国家步道系统最接近"文化线路"。

1.2 "文化线路"的四大概念和五大特性

中国建筑设计研究院有限公司总规划师陈同滨教授简单回顾了"文化线路"概念的生成与演进过程,强调了"文化线路"概念的四大要点:①基于运动的动态、交流的概念、空间和时间上的连续性;②涉及一个整体,线路因此具备了比组成要素的总和更多的价值,也因此获得其文化意义;③强调国家间或地区间的交流和对话;④应是多维的,不同方面的发展,不断丰富和补充其主要用途,可能是宗教的、商业的、行政的或其他。其次,陈教授简要阐释了"文化线路"具备的动态特性、时空连贯性、文化意义的整体性、跨区域的交流特性和功能多样性等五大特性。

1.3 欧洲"文化线路"意味着什么?构成要素有哪些?

欧洲克吕尼修会古迹联盟主任、欧洲"文化线路"法国联盟主任克里斯托弗·沃罗先生(法)的演讲以克吕尼修道院及其欧洲网络为例,探讨了欧洲"文化线路"的概念和构成要素。欧洲"文化线路"意味着什么,这是欧洲委员会在1987年发起的研究项目,旨在通过一场时空之旅,展示欧洲不同国家和文化的遗产是如何成为共享文化遗产的。

为实现这一目标,必须率先进行五个方面的运作,即合作研发、增强有关欧洲历史和遗产的记忆、适合年轻欧洲人的文化和教育交流、当代文化艺术实践和文化旅游以及文化可持续发展。而克吕尼修道院及其欧洲网络作为欧洲第一个也是最大的由成百上千的修道院和城市组成的网络,在这五个方面的运作中都发挥了不可替代的典型示范作用。克吕尼修道院的文化遗产充斥整个欧洲,欧洲人保护并改造利用克吕尼修道院的相关线路也是包罗万象、范围宽广，相关的巡回步道遍布全欧：从匈牙利到大西洋，从苏格兰到意大利。通过对克吕尼修道院及其欧洲网络的研究，足以明晰其作为欧洲"文化线路"的必要构成要素：首先，必须包含当地参与者和居民；其次，必须将彼此分离的遗迹或场所联结起来；再次，必须令遗迹与他者形成共鸣。

2 国内外相关实践经验总结

2.1 "文化线路"与线路景观

ICOMOS 学术委员会协调人、来自美国的瑞普教授重点介绍了"纽约高线"的保护改造经过，指出其改造成功的原因，总结改造废旧交通线路的经验与教训，认为"文化线路"要因地制宜，激发公众的想象力与参与度。"纽约高线"是一条沿纽约西区延伸的高架铁路，开通于1934年，至1960年代其最南部的高架铁路被拆除，整条线路在1980年被废弃。为避免高线被拆除的命运，1999年，约书亚、大卫和罗伯特·哈蒙德等人创办了"高线之友"，开始将这条古老线路改造为公共空间。

至2009年，"纽约高线"被重塑成一个公园，每年有超过700万游客参观，成为当地经济发展的新动力。纽约高线公园的成功离不开以下几个方面：①成为城市景观的代表，种植了大量树木，保存了野外景色，市民沿着线路步行，可以欣赏自然风光和历史建筑；②开拓了青少年社区，制定个性化旅游线路，令青少年有机会参与园艺、邻里社区的交流；③艺术和设计是高线发展的核心。这是纽约唯一一个有专门多媒体当代艺术项目的公园，全年都有免费的多媒体当代艺术节目在这里举行，艺术家能参与公园的设计建设。

由此，瑞普教授总结改造废旧交通线路的经验与教训：①激发公众的想象力，让他们参与到城市建设中；②对设计质量做出不妥协的承诺，吸收最优秀的城市规划师、设计师、园艺师和艺术家等；③有长期的、可持续的资金保障；④用全年无休的活动，激活空间，吸引游客；⑤解决好游客对周围社区的影响，这个问题高线公园创始人没有成功地解决，造成了游客对社区的冲击。瑞普教授最后分享了一些"文化线路"对社区贡献的想法，认为"文化线路"应该强调社区的历史和遗产，可以激发年轻人用走路参观的形式洞察线路的过往，领略沿线社区的历史文化，从而推动城市经济、文化和旅游业的健康发展。同时，从"纽约高线"作为一个独特的适应美国的经验出发，建议"文化线路"概念要根据自己的具体情况进行调整，以适应自己的文化和场地。

与美国实践相呼应的线路景观改造工程也发生在长江流域。由武汉地产集团投资建设的东湖绿道一期和二期工程相继于2016年底和2017年底正式开放，在2016年即被列入"联合国人居署改善城市公共空间示范项目"。目前三期工程正在进行，东湖绿道将形成环路，供游客选择多种游玩路线。东湖绿道依托于东湖风景区的湖光山色和人文历史，建设过程充分考虑到"以人为本"，在规划开始阶段就将公众咨询和参与纳入其中，形成开放空间，鼓励绿色出行；同时注重生态保护和系统修复，更多保留自然野趣，尽显自然与人文交织的山水文化，以城市的尺度塑造小型的滨水文化线路，该项目受到联合国人居署的肯定可谓实至名归。

2.2 "文化线路"与中国申遗

陈同滨教授团队申报的世界遗产项目，全称为"丝绸之路：长安—天山廊道的路网"，位于丝绸之路东段，由一系列代表性历史文化遗存和景观集合而成，属"文化线路"类型。它在东亚古老文明中心——中国的"中原地区"和中亚区域性文明中心之一——"七河地区"之间建立起直接的、长期的联系，由四个路段组成。这四个路段的区域空间相互贯通，路网全长8700公里，一共有33个遗产点，分布在中国、哈萨克斯坦和吉尔吉斯斯坦三个国家，其中中国有22个遗产点，吉尔吉斯斯坦有3个遗产点，哈萨克斯坦有8个遗产点。中国的遗产点类型多样，包括城市遗址、宫殿遗址、城门遗址、石窟、佛寺、道路、驿站、军事戍堡、烽燧遗址和墓葬等。哈萨克斯坦的8个遗产点多数为贸易据点，规模较小。而吉尔吉斯斯坦的3个遗产点则皆为当时的区域性政权中心，规模较大，其中包括李白的故乡——碎叶。

丝绸之路申遗文本主要从人类文明发展史的角度评价了长距离交流交通的重要

作用，阐释了"丝绸之路：长安—天山廊道的路网"的遗产价值，并提炼出其符合世界遗产价值标准，即交流、见证、人地关系和关联。ICOMOS《评估报告》指出"提名文件清晰地说明了将每一遗产纳入提名的基本原理"，并认为此次跨国界提名"是将丝绸之路列入《世界遗产名录》过程中的一个重要里程碑"。最终在 2014 年，"丝绸之路：长安—天山廊道的路网"成功入选《世界遗产名录》。陈教授以此次成功申遗为例，分享了自己在线路遗产研究中的思考和实践，主要是通过分类的方法提炼出 33 个遗产点的共同的整体价值，其次是利用地理文化单元的概念，从生业、住居方式、习俗文化、宗教信仰这些要素之间的关联与差异入手，建立内在的整体性，并强调交流的轨迹，以此建立遗产整体的关联性。

2.3 "文化线路"与自然环境，江河

联合国教科文组织"河流与遗产：大河文化"教席持有人、法国图尔大学的卡尔·万增教授演讲的主题为"河流与文化遗产"。万增教授认为，河流对人类具有极大的吸引力，故而河谷地区成为文明的摇篮。得益于便利的水运条件，河流还充当着文化的传送带，对文化交流起着非常重要的作用，与此同时，大江大河也会创造自己的文化，极大丰富了文化的多样性。城市规划者需要利用在江河边的优势，塑造自己的大河城市，突出自身的特征。当然，沿河城市也需要提升江河水质，使居民更愿意到水边活动。

欧洲已经失去了 80% 的洪泛平原和湿地，导致了许多大型水生生物的灭绝或濒危。这破坏了江河区域的生态平衡，其危害相当深远。例如，很多昆虫因此过量繁殖，欧洲每年因汽车在水边遭遇大量昆虫撞击所造成的损失是十分惊人的。

从自然和文化角度而言，欧洲人正在失去依赖于江河的多种文化，因为生物多样性与河流文化是相互作用的。欧洲人正在努力扭转不利局面，认识到人类必须适应江河流域的动物和植物，采取多种修复生态的措施，并通过测量河流生态系统功能、恢复前后的生物多样性状况来检查恢复措施的效率。而将河流模型和人口模型分析后得出的结论是：最好的河流生态系统修复措施，就是减少人类干预。所以，一定要保护人类无法到达的区域，真正为生物多样性建立一个不受干扰的场所和生

存空间，为此，人类有时要做出部分牺牲，才能让一些更敏感的物种得以保留，人类要了解如何与动植物共存。

华中科技大学的李晓峰教授主要讲述其关于汉水流域文化线路上的城乡聚落研究。在他看来，汉水流域是中部地区重要的遗产廊道，有多样的自然条件和丰富的人文环境。汉水流域聚落类型包括滨水聚落、平原聚落、山地聚落、水上聚落等。城乡聚落空间的形式因水而成。在防洪影响下，城市的变迁和因水而建的乡村聚落的变迁都值得我们关注。因此，聚落遗产的保护，要从水环境保护着手，并考虑聚居者的基本权益。

从"文化线路"的角度去看待汉水的沿线聚落，可以称之为遗产廊道，其沿线聚落的生成与演变是水文与人文互动的结果，汉水流域是探索河川文明范式的一个典型，希望在不久的将来，汉水流域的遗产廊道能够作为一条"文化线路"列入《世界遗产名录》。

3 "文化线路"研究与活化利用的前景展望

3.1 "文化线路"与联合国人居署的城乡可持续发展战略

联合国人居署中国项目主任张振山先生介绍了"联合国人居署的'新城市'思考"。张振山指出：城市是文化的载体，文化是城市的灵魂，文化既造就了城市的气质，也提升了城市的魅力，更决定了城市的品位。历史风貌、特色建筑、园林景观等都是城市文化的集中体现。文化的认同感增强了城市的凝聚力，也增强了城市的活力。因此，在城市的发展过程中，需要重视文化的传承和保护。在过去 40 年的快速城市化进程中，中国的很多城市破坏了大量的优秀文化遗产，令人扼腕叹息。

为解决城市及其文化的可持续发展问题，联合国分别在 2015 年和 2016 年通过了《2030 年可持续发展议程》和《新城市议程》。这两个文件对城市文化的发展和保护做出了很明确的阐述和要求。在《2030 年可持续发展议程》中，城市第一次被作为一个整体列出了 17 条可持续发展目标，其中的目标 11 是"建设包容、安全、有抵御灾害能力和可持续的城市和人类住区"，其下的第 4 条小目标明确指出要"加大

努力保护和捍卫世界自然和文化遗产"。《新城市议程》是在第三次全球人居大会上一致通过的，它是促进和实现城市可持续发展的全球承诺，以此作为在全球、区域、国家、国家以下和地方各级以综合和协调方式、在所有相关利益相关方参与下实现可持续发展的关键步骤。《新城市议程》的意义在于，它是一个以行动为导向，并为各国家、地区和地方政府提供指导的文件，包括了大量有关文化和遗产的内容。

3.2 "文化线路"与长江大保护、城市复兴

在主题为"文化线路与长江大保护"的对话环节，国内外多位专家从"文化线路"的角度入手，畅谈各自对于长江大保护和城市复兴的看法。ICOMOS 共享遗产研究中心丁援博士率先指出，谈长江大保护，可从"文化线路"的角度进行梳理和研究。

《建成遗产（BUILT HERITAGE）》杂志执行编辑冈萨雷斯教授认为，"文化线路"的概念是活化发展的，不同地区可根据自己的历史进程、社会经济活动的具体情况而有所调整，近年来中国的长江大保护提得很多，也越来越重视滨长江城市的复兴。

瑞普教授认为在这个背景下，江城武汉有广泛可利用的"文化线路"机会来促进经济和旅游业的发展。武汉保留了许多极富历史文化底蕴的街区和线路，人们行走或骑行在这些道路上，就可以感受到从老街巷上和老房子里散发的历史文化的芳香扑面而来，若能在这些街区和线路上融合当地民俗、艺术等形式，则可进一步增添线路的文化内涵。

ICOMOS 共享遗产研究中心研究员许颖博士则从文化遗产的角度研讨武汉，认为武汉是"长江文化线路"上的重要一环。武汉正在开展"万里茶道"的申遗工作，

武汉自身就是这条"文化线路"上的重要一环。同时武汉是长江沿线的重要枢纽城市，较早接触西方文化，具备大量中西融合特征的历史建筑，城市内部存在多条"文化线路"，城市整体更是"长江文化线路"上的重要一环。武汉的遗产价值非常高，有丰富的工业遗产、河流遗产、城建遗产和文化景观，可以说是中国近现代城市转型的代表性城市。

3.3 "文化线路"研究与实践的"教席基地"

本届无界论坛的一个重要环节，即由中国城市规划协会名誉会长赵宝江先生主持的联合国教科文组织工业遗产教席研究基地授牌仪式。教席基地设在长江与汉水相交汇的龟北片区，也是历史上著名的"汉阳造"所在地。作为全球唯一的以工业遗产为主要研究方向的教席，也是中国华中地区唯一得到联合国教科文组织认可的教席网络成员，教席团队希望以武汉这座中国第二批国家历史文化名城为依托，借助长江主轴和长江大保护的国家战略，使"文化线路"遗产成为未来武汉城市文化遗产研究和保护利用的重点对象。

结语

2008—2018 年的 10 年时间，以"文化线路"为主题的大型国际学术研讨会召开的不多，国家文物局 2009 年以"文化线路遗产的科学保护"为主题的无锡论坛之后，未再举办相关的大型学术研讨会议。在理论上的演进告一段落的同时，"文化线路"在实践上探讨的脚步并未止息，各国学者仍在各自的领域推动着有关"文化线路"的申遗研究与实践应用。十年来，各国在"文化线路"实践方面取得了一些新成果和新突破，中国更是在 2014 年完成了大运河和丝绸之路的成功申遗，目前万里茶道和茶马古道的申遗工作也在有序推进之中。在这一背景下，国内外学界进行的此次以"人文·人居·新时代——文化线路在城乡可持续发展中的角色"为主题的第七届 ICOMOS-Wuhan 无界论坛的跨领域、跨学科的深度交流，不仅仅是"文化线路"近 10 年演进发展的回顾，更是文化遗产保护领域对未来的展望与思索。

青少年无界论坛

武汉龟北片区工业遗产的保护与利用及城市功能升级改造的思考

武外英中：施佳琪　韩牧良　张刘嘉　吴凯泽

【摘要】武汉龟北片区作为我国近现代工业的发祥地，片区分布有大量工业遗产。这些工业遗产对武汉而言，不仅体现着传承历史文化，守住城市根脉，留存城市记忆，也是城市精神与性格的象征。在龟北片整体拆迁、城市功能升级改造之际，本文通过现场调查走访，发现部分在保护名录内的建筑已被拆除，片区内还有许多标志性的工业遗存急需保护。建议尽快对龟北片区开展工业遗产普查，细化保护要求，在将龟北片打造成为具有世界影响力的中央艺术区和创新文化城的总体定位下，希望未来建设成为与总体环境协调的亲山、亲水、亲民的"武汉记忆"。

【关键词】工业遗产；龟北片；汉阳造；保护与利用；武汉记忆

武汉龟北片区（图1）指武汉市汉阳区龟山北路和汉江南岸之间，东起晴川大道，西止鹦鹉大道，面积约90公顷的片区。这一片区之所以特殊，是因为：首先，这一狭长地块位于武汉的中心地区，是武汉的焦点地带。北面为长江第一大支流——汉江，南面是著名的龟山；与江南三大名楼之一的黄鹤楼隔江相望；"晴川历历"的晴川阁就在片区东侧长江江畔；高山流水遇知音的传世佳话也发生在片区西侧的古琴台。其次，这一片区见证过我国近现代工业的发展，是我国近现代工业的发祥地。1893年，在两广总督张之洞主导下，中国第一家新式大型钢铁企业——汉阳铁厂（图2）建成。随后还建成了汉阳兵工厂等企业，诞生了一个响彻中华的民族工业品牌——汉阳造。再次，新中国成立后，响应国家的工业政策，武汉把汉阳定位为工业城区。

图1　武汉龟北片区概况

图2　历史上的汉阳铁厂

1951年以后，在原汉阳铁厂遗址上建起了武汉国棉一厂、汉阳特种汽车制造厂等大中型国字号企业。新世纪，伴随国企改革、产业结构调整，原片区内的大型企业陆续外迁，"汉阳造"的辉煌不再，留下来衰败、荒芜的大批空置厂房。但这片土地上的工业记忆和文化都是武汉乃至中国工业史上重要的里程碑[①]。

　　2010年前后，原鹦鹉磁带厂改造成为"汉阳造"文化创意产业园区，吸引了

───────────

① 彭雷霆，何璐：《武汉建设国家中心城市过程中工业文化遗产的保护与再利用——以汉阳龟北路工业文化遗产为例》，《文化软实力研究》2017年6月第3期第2卷，第74–82页。

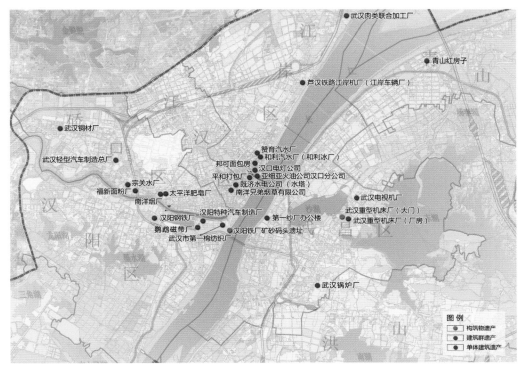

图 3　武汉市工业遗产分布图

大批的创客和游客。同时社区的高音喇叭正一遍一遍地广播着征收拆迁政策，社区约 30% 的居民已经搬离，片区的城市功能升级改造正在进行之中。

1　龟北片区的工业遗产与保护要求

2011 年，为保护工业文化遗产，弘扬武汉历史[①]，武汉市国土规划局组织编制《武汉市工业遗产保护与利用规划》。该规划从稀缺性、代表性、先进性、价值性多方面考量，确定了 29 处推荐工业文化遗产名单（图 3）。

位于龟北片的工业遗产包括鹦鹉磁带厂、武汉市国棉第一纺织厂、汉阳特种汽车制造厂的建筑群以及毗邻龟北路、位于长江边的汉阳铁厂矿砂码头遗址。其中汉阳铁厂矿砂码头遗址为一级工业遗产、市级文保单位。鹦鹉磁带厂为二级工业遗产。武汉市国棉第一纺织厂和汉阳特种汽车制造厂为三级工业遗产。

---

①　武汉市国土资源与规划局《武汉市工业遗产保护与利用规划》，《武汉市国土规划年鉴（2012）》第 140~151 页。该规划 2013 年正式获批，批复确定 27 处工业遗产。

按《武汉市工业遗产保护与利用规划》分级保护与利用原则，龟北片的工业遗产保护与利用要求见表1。

表1 龟北片工业遗产保护与利用要求对比

名称	级别	文保	整体定位	保护方式	拆改态度	利用模式
汉阳铁厂矿砂码头遗址	一	是	保护为主，充分尊重历史特征	对建筑原状结构、式样进行整体保留	不得随意拆除，应在合理保护的前提下进行修缮	严格保护
鹦鹉磁带厂	二	否	对遗产的利用必须与原有场所精神兼容	严格保护建筑外观、结构、景观特征	功能可做适应性改变，不宜做大规模的商业开发	开放空间、博物馆纪念展示馆、创意产业园、商业综合开发
国棉一厂汉阳特种汽车制造厂	三	否	实现工业特色风貌与现代生活的有机结合	尽可能保留建筑结构和式样的主要特征	可对原建筑进行加层或立面装饰	同二级利用模式

2 龟北片工业遗产现状调查

2.1 汉阳铁厂矿砂码头遗址

汉阳铁厂矿砂码头遗址位于现晴川假日酒店附近的长江江畔。现存3段突出的红砂岩条石墙体。各段墙体高约6 m，长约12 m，墙底稍宽。墙体可见锚固锚杆，有的锚杆端头还有锚板固定墙体，有的锚杆只剩杆体插入墙体。3段墙体均产生了不同程度的裂缝。其中南侧的墙体正面（临长江）裂缝上下贯通，最宽达50 mm（图4）。其他3处上下贯通裂缝宽度也有10~30 mm。

"码头上，黑色的铆固构件宛在，粗壮的锚链和坚实的缆桩依存，几乎看不出一百多年的岁月痕迹。三座黑铁缆桩被人盗去两座，两根粗壮的锚链一根不知去向，还有一根仍在超期服役。"[①] 调查发现，坚实的黑铁缆桩还在，那根曾超期服役的锚链已荡然无存（图5）。码头之上，立有2011年"武汉市文物保护单位 汉阳铁厂矿砂码头旧址"石碑。

---

① 罗时汉，程艳林：《寻找武汉古老文明的碎片》，张笃勤主编：《武汉文化特色与景观设计》，武汉出版社，2003年，第217~233页。

图 4　矿砂码头上下贯通的裂缝　　　　　　　　　　　　　　　　　　　　图 5　仅存的一座黑铁缆桩

2.2　鹦鹉磁带厂

鹦鹉磁带厂是在《武汉市工业遗产保护与利用规划》出台之前就开始工业遗产保护与利用的成功案例。20 世纪 90 年代，这里的工厂陆续停产外迁，留守者将厂房分割出租。2005 年，在北京"798 艺术区"工作多年的蒋义回到武汉租下厂房，开始了文化创意事业。2006 年后，一批美术、雕塑工作者也自发前来租借车间和厂房，办起画室、动漫设计室等。艺术家的自然聚集让沉寂的厂区萌发了新的生机。2009—2010 年，汉阳区政府介入，通过将厂房整体打包给上海致盛集团，将这里打造成创新产业带——"汉阳造广告创意园"。经过多年的运作，这里已有多家产值过亿的企业入驻，成为"旅游特色街区""创业孵化基地"。这里的建筑群及外观、结构均得以完整保存（图 6、图 7）。

2.3　汉阳特种汽车制造厂

汉阳特种汽车制造厂始建于 1959 年，其前身是汉阳机器厂。原厂址坐落于张之洞创办的湖北枪炮厂旧址上。该厂现已搬迁至沌口经济技术开发区。由于正在动员拆迁原因，安保人员拒绝笔者进入厂内调查。通过航拍观察，目前厂区内列入保护规划内的五栋厂房整体完整（图 8）。正在实施的"汉阳造"二期工程，"通过工业遗产保护利用，植入'汉阳造'延伸的地方产业精神和传统文化内涵，形成全新的'汉阳造＋文创产业园'，成为辐射整个武汉的文化创新驱动中心"。[1]

---

[1]　武汉市国土资源与规划局：《工业遗产改造利用　焕发文化魅力新生——龟北及月湖地区规划整合研究暨汉阳特种汽车制造厂实施性规划》（2018 年 6 月 8 日），武汉市国土资源与规划局网站。

图 6　保存完整的原鹦鹉磁带厂厂区

图 7　原建筑结构特征十分明显

图 8　保存完整的汉阳特种汽车制造厂厂房

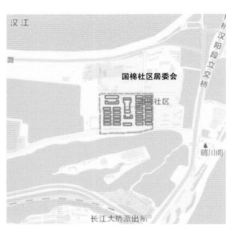

图 9　保护名录内的国棉一厂建筑

2.4　武汉市国棉一厂

武汉市国棉一厂于 1951 年在原铁厂遗址上建立，是新中国成立后武汉市第一家国有棉纺厂。原厂房含织布车间和纺纱车间，厂房是以钢筋混凝土结构为主，柱距 6 m。结构体系为牛腿上承现浇砼梁，屋面形式为典型纺织工业厂房的天窗承重的锯齿形屋面①。列入《武汉市工业遗产保护与利用规划》的建筑群是其厂房东侧的约 33 栋 2 层及 1 层建筑（图 9）。朱鹏程曾建议将厂房改造成办公区与住宅区相互融合，分为合租公寓、单身公寓和 SOHO 住宅青年社区。调查结果令人遗憾。国棉

① 朱鹏程：《基于历史建筑改造的青年社区设计——以武汉国棉一厂厂房的改造设计为例》，《中外建筑》2012 年第 8 期。

图 10　保护名录内尚存 9 栋国棉一厂建筑

一厂的厂房约在 2012 年前后拆除。受保护的 33 栋建筑于 2015 年前后被拆除大半，仅剩 9 栋两层红砖小楼（图 10）。

3　龟北片区其他值得保护的工业遗存

通过对龟北片区的走访调查发现，除上述列入《武汉市工业遗产保护与利用规划》的 4 处工业遗产外，还有多处工业遗存。它们具有的工业形态、文化特征十分明显。政府正在进行龟北片区城市功能升级改造，提出了将龟北及月湖地区打造为具有世界影响力的中央艺术区和创新文化城，并建立以文化艺术产业为核心的文创产业生态圈。如果这些工业遗存的价值未得到充分认识，若干年后，当中央艺术区和创新文化城建成之时，这些工业遗存将只能留下文字、图片记忆。

3.1　武汉荣泽印染厂的建构筑物

武汉荣泽印染厂原为武汉第二印染厂。由于正在拆迁，安保人员拒绝笔者进入

图11 荣泽印染厂厂房及构筑物

图12 国棉水厂水塔

厂内调查。通过航拍观察，现存厂房结构完整，为天窗承重的锯齿形屋面。厂房西侧有一栋5层框架结构厂房。紧邻该楼北侧有一座高约50 m的红砖砌筑的烟囱和3座高约10 m的仓形构筑物。这座高耸的烟囱和3座仓形构筑物形成了这一带特有的工业遗存氛围。建议这次龟北片城市功能升级改造中对其给予重点关注和保护（图11）。

3.2 武汉自来水公司国棉水厂的水塔

武汉自来水公司国棉水厂尚在生产运营。厂内有一座钢筋混凝土结构的水塔，塔高约25 m。水塔底部为6根钢筋混凝土柱和5层圈梁组成的架空体系。建议作为典型的工业标志保留（图12）。

3.3 定汉神铁

在龟北路国棉一厂后门附近，有一块像陨石般深褐色的庞然大物静卧林间（图13）。这是张之洞时期汉阳铁厂遗留下来的一块残铁。总体轮廓呈椭圆形，直径约3.5 m，高约2.0 m，重约200吨，部分仍埋于地下。一说这块凝铁是1924年10月汉阳铁厂停产时形成的遗留物，也说是汉阳铁厂投产之初由于铁矿含磷量高，冶炼技术不过关，铁水在高炉内流不出来，最终报废形成的。2003年罗时汉、程艳林在山坡林莽荒草丛中艰难地寻访到这块凝铁。而今，这里已建起了一座纪念亭、

图 13　定汉神铁

背景墙和一座"凝铁"石碑，并有汉阳铁厂和这块凝铁来历的中英文介绍。市民可以方便地与"定汉神铁"亲密接触。

3.4　龟北片区其他需关注的工业遗存

（1）走访中，"汉阳造"二期改造项目（即以汉阳特种汽车厂为主）的45岁保安李师傅提到，他小时候生活在这里，经常到汉江游泳。偶尔水浅，在汉江里看到过"汉阳兵工厂"界碑。若水浅时界碑再次露面，建议打捞上岸，用于建设"汉阳造"工业遗址公园建设。

（2）能作为工业文化记忆载体的不仅包含前述厂房、码头和"定汉神铁"，还可以是厂内的大型机器设备。建议重点关注，如有可能，可用于建设"汉阳造"工业遗址公园建设。

4　关于龟北片区城市功能升级改造的思考

4.1　龟北片区对武汉城市建议的意义

武汉建设国家中心城市的重点战略之一，就是传承历史文化，守住城市根脉，留存城市记忆[①]。近现代工业文化遗产对武汉而言，既是历史文脉的体现，也是城市

---

① 湖北省人民政府：《加快建设国家中心城市　复兴大武汉》，湖北省人民政府门户网站 www.hubei.gov.cn 2012-07-03。

精神与性格的象征。因此，龟北片区城市功能升级改造作为武汉打造具有世界影响力的中央艺术区和创新文化城的重要载体，理所当然地应该与中国近现代工业文明的发祥地和谐共生，在留住"武汉记忆"的基础上，突出工业文化遗产在恢复和振兴城市中的作用。

4.2 龟北片区城市功能升级改造的几点建议

在龟北片区城市功能升级改造关键时刻，武汉近现代工业发祥地——龟北片区的工业遗产保护与利用问题以及保护名录之外值得关注的工业遗存的现状，值得重点关注。希望未来的龟北片区建设成为与总体环境协调的亲山、亲水、亲民的"武汉记忆"。

（1）建议有关部门尽快组织对龟北片区的工业遗产和工业遗存的普查。根据当前实际拆迁现状，细化需保护与利用的工业遗产名录。对需保护与利用的工业遗产设立明显的保护标志。加强与工业遗产产权单位沟通，确实落实保护与利用规划。后期城市规划中，需充分考虑对工业遗存的保护与利用。

（2）与环境总体协调体现在：要显山露水，建筑与龟山的高度相协调，新的建筑一定要限高，避免像晴川假日酒店、三国赤壁大战全景画馆那样与龟山和城市格局相冲突；建筑的风格及色调与龟山电视塔下附属建筑物、晴川阁、铁门关的风格与色调相协调；新建筑功能与"汉阳造"传承的文化内涵相协调。

（3）亲山、亲水、亲民体现在：社区居民可通过龟北路方便地登龟山；社区居民也能非常安全方便地到达汉江畔、长江畔及两江汇流的武汉焦点（南岸嘴），建议该段从知音大道下穿形成地下通道，让街区与江畔连为一体，或者将街区与江畔通过桥相连；这一社区应该是开放型社区，禁止建设别墅型封闭小区。

（4）"武汉记忆"体现在：龟北片区城市功能规划中充分考虑工业遗产分布，合理再利用，避免对工业遗产建设性破坏；在片区规划设建设一个工业遗迹公园。工业遗迹公园可以整合现有厂房以及定汉神铁、矿砂码头、界碑、大型机器设备等有形工业遗产，充分发掘"汉阳造"文化内涵，形成"武汉记忆"实质性载体。

5 结语

龟北片区作为中国近现代工业的发祥地，反映了我国工业文明进步的轨迹。其厚重的工业文化遗产可以作为城市精神教育的重要载体和场所。在龟北片区正在进行城市拆迁、功能升级改造的关键时期，调查发现列入保护名录的武汉国棉一厂的建筑已被拆除殆尽，保护规划未得到落实。调查中也发现片区内还有值得保护和利用的工业遗存，因此建议有关部门尽快开展片区工业遗产普查及进一步保护工作。在武汉将龟北片打造成为具有世界影响力的中央艺术区和创新文化城的总体定位下，希望未来的龟北片区建设成为与总体环境协调的亲山、亲水、亲民的"武汉记忆"。

注释

[1]《新城市议程（New Urban Agenda）》，2016 年 10 月 17—20 日第三次联合国住房和可持续发展大会通过的基多宣言——全人类的永续城市和住区。

[2]武汉市国土资源与规划局:《武汉市工业遗产保护与利用规划》，2013 年发布。

[3]倪敏东:《国外"棕地"改造的启示——以武汉"龟山北"地区城市设计为例》，《国际城市规划》2009 年第 2 期。

[4]陈立镜，周卫，李林林:《工业遗产再利用现状反思——以武汉龟北片区遗产改造为例》，《新建筑》2014 年第 4 期。

[5]彭雷霆，何璐:《武汉建设国家中心城市过程中工业文化遗产的保护与再利用——以汉阳龟北路工业文化遗产为例》，《文化软实力研究》2017 年第 3 期。

[6]曾添:《创新产业园改造过程中的政府职能定位研究》，《社会经纬理论月刊》2013 年第 6 期。

[7]张国超:《"汉阳造"文化创意产业园发展的前瞻性思考》，《湖北理工学院学报》2013 年第 1 期。

[8]朱鹏程:《基于历史建筑改造的青年社区设计——以武汉国棉一厂厂房的改造设计为例》，《中外建筑》2012 年第 8 期

[9]张笃勤主编:《武汉文化特色与景观设计》，武汉出版社，2003 年。

[10]张鸿雁，胡小武:《城市角落与记忆 II：社会更替视角》，东南大学出版社，2008 年。

A Case Study on Prompting the Construction of Traditional Chinese Garden-like Campuses in Suzhou—the City of A Hundred Gardens

Suzhou Industrial Park Xinghai Experimental Middle School

LI Minzhi, Sun Dawei, Ye Zheyuan, Jiang Yiyue, Hou Tianyu, Sheng Miao

1 Background and purpose of the study

Suzhou, located in southeastern Jiangsu Province, enjoys a worldwide reputation for its classical gardens. It has officially embraced the title of "the city of a hundred gardens", following the publication of the fourth batches of the List of Gardens in Suzhou[1]. Gardens, being top tourist destinations for people visiting Suzhou, have become an indispensable component of the city. With their tremendous influence, the elements of Suzhou gardens, specifically the pavilions, bridges, covered corridors, undulating walls, gates of various shapes(with various connotations), lattice windows of different patterns and steep-pitched roofs, have been incorporated into the construction of Suzhou. Inevitably, school campuses in Suzhou as well are to a great extent affected by these elements both internally or externally (Davis & Oles, 2014)

This paper examines how traditional Chinese garden elements influence students' academic achievements and life and whether such garden-like campuses should be promoted in the construction of schools. According to Wikipedia, a campus is traditionally the land on which a college or university and related institutional buildings are situated, which usually includes libraries, lecture halls, student centers, dining halls and park-like

---

① cited from Suzhou Government website, http://www.suzhou.gov.cn/news/szxw/201802/t20180214_963728.shtml

Figure 1   Classical Gardens

Figure 2   X School

settings[①]. A traditional Chinese garden-like campus can then be defined as a land where institutional buildings, integrated with the elements of gardens, exist in perfect harmony with pavilions, ponds, rock works, winding paths, trees and flowers.

2   Subject of the study

Constructed on the former site of the Suzhou Weaving Department and dating back to the Qing Dynasty, X School boasts a campus with exquisite garden designs and enjoys a high reputation with its celebrated Ruiyun Peak(a landscape boulder). It fits the definition of traditional Chinese garden-like campuses and can be considered representative of them all, which is why it is chosen as the subject of this study.

3   Methodology and findings of the study

In this study, field research, a questionnaire survey and teacher interviews are carried out to assess the environmental, educational and cultural implications of garden-like campuses for students.

3.1   The benefits of garden-like campuses

Liberman & Hoody (1998) studied the environment as an integrated context for learning, a framework for education that focuses on interdisciplinary, collaborative, student-centered, hands-on and engaged learning. This study finds that in X School, the traditional Chinese

---

① cited from Wikipedia, https://en.wikipedia.org/wiki/Campus

garden-like campus provides a perfect venue for students to relax and refresh themselves when they are tired from study or distressed. From the teacher interviews, we have found that in X School, a book has been published which helps students appreciate the inscriptions on the monuments inherited from the past. With this book and lessons based on it, students can expand their knowledge scope and at the same time improve their art appreciation ability. The emphasis on cultural heritage with the help of classical garden design has given rise to more interest in history and the classical culture and created a unique atmosphere in X School that is not replicable on campus without garden elements.

3.2 The current problems of garden-like campuses

3.2.1 The inconsistency between the original and the newly added garden elements

As a unique school constructed on the former site of the Suzhou Weaving Department, the extraordinary integration between traditional Chinese gardening elements and campus construction is one of the most distinctive characteristics of X School. However, after finishing the field research, we have found significant inconsistency between the original elements inherited from the Qing Dynasty and the newly added garden elements in the construction and expansion of the school campus. Despite the efforts of school authorities to take further advantage of these elements, the uncoordinated blend of old and new architecture ignores the basic gardening principles of balance, contrast or transition, thus failing to achieve an aesthetic unity between the original landscape and the new garden design. Consequently, while there is a ubiquitous existence of garden elements on campus, such as rocks, trees and cloisters, they are not playing a positive role in improving students' aesthetic ability.

3.2.2 Inadequate administration and use of garden resources

According to our research, a large area of the land inside X School which is intended for plants is now overgrown with weeds, which leads to the disorder of both the scenery and the cultural atmosphere. What's more, the weeds have taken up too much room which could originally be used as places for students to relax and hold activities, causing the waste of

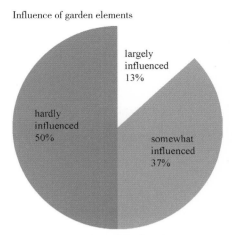

Influence of garden elements

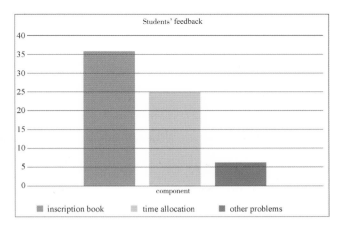

Figure 3   Uncoordinated Combination

land resources. On top of that, the functional uses of the garden elements of the school, such as the library and halls have been ignored, making them mere decorations of the school campus. To sum up, due to the poor administration of the school, the garden elements of X School haven't been made full use of to realize their practical value.

3.2.3   The uncoordinated combination between traditional garden elements and practical academic purposes

Despite the pervading garden elements in X School, a shocking discovery from the questionnaires is that about 50% of the students surveyed believe the garden elements don't have much influence on their study and life. 37% of the students think the school could have done a better job promoting the garden elements on campus. Some students have expressed dissatisfaction with the book on the inscriptions, saying it has added to the already heavy burden of them. Other students believe it is due to the school's emphasis on the College Entrance Examination that only two weeks is allocated to the study of this book, making its existence more form than substance.

4   Discussions

4.1   Reconstruction of the X School campus and the surrounding environment

As a representative of garden-like campuses in Suzhou, X School deserves to be reconstructed to adequately take advantage of its unique garden elements rather than hold on to the current inconsistency. Therefore, we consider it necessary for the government and school authorities to hire landscape specialists to redesign the layout of the campus based on the careful study of the relics on campus. A typical example to follow is the design of Suzhou Museum by I.M. Pei, which visually complements the traditional architecture of Zhong Wang Fu and corresponds with the design concept of "not too high, not too large and not too abrupt".

An upgraded campus where the new garden designs exist in harmony with the original landscape can expose students to authentic traditional gardens, giving them insight into how ancient Chinese intellectuals harmonized conceptions of aestheticism within an urban living environment.

4.2　Better administration and use of garden resources

From the questionnaires it can be seen that the students of X School have expressed strong antipathy towards the weeds on campus in that they have taken up too large an area, thus affecting students' regular activities. A management group should be assembled immediately to take charge of the maintenance of the landscape on campus. Weeds must be removed to preserve the beauty of the campus and make way for student activities. School authorities should also put high on their agenda ways to better utilize the garden elements to make students' life on campus more colorful and meaningful.

4.3　Development of diversified courses based on the garden elements

Although admittedly the most important task for a public high school is to focus on the College Entrance Examination, unique schools like X School should take the lead and put into full play its resources to cultivate students' appreciation of cultural heritage. Therefore, the authorities of X School are supposed to develop a school-based curriculum, with diversified courses based on the garden elements. Instead of being confined to Chinese and Art, school authorities should look into other subjects to seek close integration with garden elements. In the interview, a biology teacher suggested that the plants in the garden should be a valuable learning resource available to teach biodiversity.

Plus, the government and institutions should organize some relevant activities such as competitions to encourage the students to conduct surveys to explore the charm behind the traditional garden elements and cultures. For example, Study@Dushu Lake organized an English speech contest on the topic of "A Better Garden, A Bigger World".

With such efforts, students may be willing to carry on the work of heritage preservation in their own lives.

5   Conclusion

The Maryland Association for Environmental & Outdoor Education (2015) indicates that "an environmentally literate person, both individually and together with others, makes informed decisions concerning the environment; is willing to act on these decisions to improve the well—being of other individuals, societies, and the global environment; and participates in civic life". The timeless architectural heritage of Suzhou gardens can not only enrich the campus but also inspire those lucky enough to be part of its enchanting surroundings. However, efforts must be put into the meticulous design and harmonious integration of garden elements and school campuses. School authorities should also see to it that courses related to traditional culture are put in place to maximize the benefits of garden—like campuses. With more and more garden—like campuses in China, the tangible heritage of gardens can be preserved and the transmission of intangible cultural heritage will also become possible.

武汉与苏州的水系文化对比

武外英中：陈姝宇

【摘要】一座城的水，成就了一座城的发展。水系文化对于发展城市特色有至关重要的作用。本文以武汉与苏州两个典型水系城市为案例，研究两城水文化的区别。武汉的水，编织三镇，通连九省，成就茶港，促进了港口贸易和经济发展；苏州的水，无字史书，历史底片，成就园林，促进了文化的沉淀。随着现代城市的发展，两座城的水文化逐渐弱化。据《新城市议程》中"以人为本、尊重自然、传承历史"的理念，武汉与苏州的未来规划需要传承水文化，创新水文化。

【关键词】水系文化；武汉；苏州；港口贸易；园林

水是人类文明发展的源泉，水系文化对于发展城市特色有至关重要的作用。武汉和苏州分别位于长江中游和长江下游，都是水系文化浓重的城市。武汉的水，编织三镇，通连九省，成就茶港，促进了港口贸易和经济发展，形成了武汉多元包容的码头文化；苏州的水，无字史书，历史底片，成就园林，促进了文化的沉淀，形成了苏州精致典雅的人文气韵。

一、武汉水文化——大码头文化

武汉滨江滨湖，因水而兴。武汉的水系为众多江河湖泊组成，城内有长江、汉江等 8 条江河以及东湖、南湖、墨水湖等众多天然湖泊，全市水面积率达

25.8%（图1）。尤其作为汉江和长江的汇合点，武汉有着九省通衢的天然地理优势，其水上贸易枢纽地位不容小觑。江汉水系融合和航运发展过程中形成了融汇南北西东、多元包容的城市码头文化。

图1　武汉水系分布图

1. 武汉水系与码头历史

武汉的码头发展可以分为三个时期：长江码头时期、汉江码头时期和长江与汉江的共同繁荣时期。长江码头时期可以追溯到春秋战国时期，楚人往来于吴越，必经武昌。东鄂发现的鄂君启节，表明当时商人在江上十分活跃。随着时间的推移，武汉码头逐渐兴起。唐代诗人鱼玄机在《江行》一诗中写道："大江横抱武昌斜，鹦鹉洲前万户家。"南宋时，武汉一带已是全国性的水陆交通中心。然而，码头时期真正的转折点在明代成化年间的汉水改道，由于龟山北部冲出喇叭口将汉江在此汇入长江，汉阳被一分为二——汉阳和汉口，形成了武汉三镇鼎立的局势。开埠之后，长江航运迅速发展，在武汉沿长江、汉水滨江一带形成了众多的码头港埠，城市发展因此向外拓展。到了晚清，西方文化传入武汉，沿江出现了英、法、俄、德、日等国租界，轮船载客载货来往于长江之上，长江与汉江的码头进一步走向繁荣。武汉的文化随着码头的变化而变化。

2. 典型案例——中俄茶贸易

武汉江河水系使三镇成为天下各种货物、各色人等以及各种信息传递的中心。特别是1861年汉口开埠后，水路运输四通八达，国际贸易地位日益突显，成为南北物资和商品的集散地（图2）。各地的茶叶、大米、棉花、油料、食盐等源源不断地集中于汉口加工、储藏，再装船输往各地，甚至出海输往欧美。

当时欧洲对茶叶的需求量极高，茶叶成为最主要的出口商品之一。汉口汇集

图2　汉口街市贸易

图3　汉口老码头

了经过长江、汉水来自南方各产区的茶叶，一批批俄国资本家借开埠的机会，直接深入湖北采购茶叶，将茶叶产区羊楼洞建立的砖茶厂搬至汉口，在江边修建了顺丰砖茶厂码头，这是武汉第一个洋码头（图3）。据《江汉关贸易报告》记载：1861年由汉口出口的茶叶为8万担，1862年就猛增到21.6万担，以后逐年增加，从1871年到1890年，每年由汉口出口的茶叶达200万担以上。这期间中国出口的茶叶垄断了世界茶叶市场的86%，而从汉口出口的茶叶占国内茶叶出口的60%。①

鼎盛的茶贸易，催生了万里茶道的兴起，直接推动了武汉城市的崛起。武汉成为万里茶道上最大的茶工业交易、加工生产基地和近代金融贸易中心，对长江流域和中外的经济、贸易、金融和文化发展都起到了积极的促进作用。英国记者戴维·希尔在《中国湖北：它的需要和要求》中写道："从商业角度看来，汉口是东方最重要的城市之一，这里的国内商人，不仅来自湖北省各地，也来自数百里之外的相邻的各省，它处于外国商人与国内商人在华中的会合处，是一个极好的交易中心，是中国的国际化都市。"②

3. 文化影响

码头贸易推进了武汉独特的大码头文化。码头的繁荣不仅带来了商业成就，还

---

① 张笃勤：《晚清汉口茶市与武汉社会经济》，《江汉大学学报》（社会科学版）2005年第3期。
② 刘晓航：《东方茶叶港——汉口在万里茶路的地位与影响》，《农业考古》2013年第5期。

图 4　汉口东正教堂老照片　　　　图 5　汉口东正教堂实景　　　　图 6　新泰大楼（新泰砖茶厂旧址）

形成了武汉开放和多元性的城市文化。本地文化、外地文化和西洋文化在武汉同时并存，而且时时刻刻在融合，反映了武汉商业文化浓重，且具有极强的包容性。清代范锴在《汉口丛谈》中写道："路衢四达，市廛栉比，舳舻衔接，烟云相连，商贾所集，难觏之货列隧，无价之宝罗肆，适口则味擅错珍，娱耳则音兼秦赵。"

　　万里茶道为武汉留下的历史遗存是码头文化的体现，70 处 124 栋历史建筑，涉及码头、工厂、茶栈、银行、宗教、餐饮、住宅等与茶叶贸易紧密相关的多个行业，几乎都与茶及茶商有关，是武汉贸易产业发展和国际文化交流的见证。在原汉口俄租界区域内，汉口鄱阳街与天津路交会处，1876 年俄国茶商彼特·波特金捐资修建的东正教堂保存完好（图 4，图 5）；建于 1888 年的新泰砖茶厂至今仍然屹立在兰陵路口（图 6）……这些岁月留给武汉的历史记忆，已经成为留给后人的一笔弥足珍贵的文化遗产。

二、苏州水文化——古典园林

　　苏州地处长江下游的太湖流域，辖区内水域广阔，河港纵横交织，湖荡星罗棋布，其水系由自然湖泊、河道及人工河道组成，水利开发十分完善。从战国时期到今，以大运河为主轴，人工开发与修整的河道达 21454 条，湖泊 323 个，水面率占 44%。苏州凭借江南水乡泽国的地理优势以及唐宋以来日趋完善的城市水网体系，打造了城市最主要的文化元素——古典园林。

1. 水系历史与园林

　　苏州古城自春秋吴国建城之始，其外城就有水门八座，小城水门两座，大城外

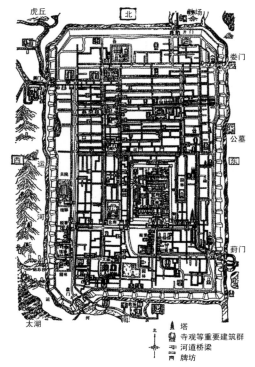

图 7　平江图

有护城河，内里宫城也有河道围绕，两重城河之间有宽广的街衢河道联通。历经秦汉不断发展，隋朝运河开通，至唐宋时期"五里、七里开一纵浦，七里、十里开一横塘"的"三横四直"棋盘式格局的水系奠定了苏州水系的基础，元明时期水道发展达到鼎盛。京杭大运河从苏州城区环绕而过，与长江、太湖、苏州护城河及城内数百条河道互通互融，造就了"水陆平行、河街相邻"的城市景观。

苏州城河网密布的结构是园林建造的基础，可谓"无水不成园"。从明代园林分布来看，都坐落于临近水系之处。古城城东地区（今苏州平江区），一二横河、三四直河之间的地带，是园林最为密集的地段之一（图 7）。园林水系要与城市的水网相联系，使得园中水体能被引入和流出，从而形成活水的循环。河道不仅为园林的水景营造提供了条件，而且保证了城内交通便利，经济发达，使文人雅客云集，园林文化深厚。

2. 典型案例——沧浪亭

水上园林沧浪亭就是体现水体和园林承载人文与历史的古迹之一。沧浪亭位于苏州市城南三元坊附近，占地 1.08 公顷，以水命名，名冠吴中。陈从周在《说园》中曾评价沧浪亭："园中景色，隔水可呼，缓步入园，前奏有序，信是成功。"[①] 作为苏州最古老的园林，其造园艺术独特，有古文赞沧浪亭："……园外曲水当门，石梁济渡，园内一勺而已……内外兼顾……"[②] "积水弥数十亩"的水面，让一池绿水绕于院外，营造一种深渊空灵的感觉（图 8，图 9）。而园中源源不断的活水，引自苏州大运河。

纵观沧浪亭由宋至清发展变迁之脉络，其园林理水方式与造景手法一直在根据

① 陈从周：《说园》，同济大学出版社，2007 年。
② 童寯：《江南园林志》，中国建筑工业出版社，1984 年。

图 8　沧浪亭实景　　　　　　　　　　　　　　　　　图 9　沧浪亭平面图（刘敦桢绘）

城市水系的变迁及园林外部环境的变化而随之调整与转变。两宋时期，城市人工水系尚未发展成熟，沧浪亭利用了当地自然水系的优越条件，既得城市水系的便利，又据有自然形胜的景观风光。通过朴素自然的理水手法，营造出了早期园林所特有的自然景致与意境。而后的元明时期，城市水系逐步发展到它的顶峰，这使得园林所有的水体被完全纳入城市河道系统中，被赋予了更多城市河道的功能。然而清中期以后，随着城市的繁华与膨胀，园林的改建与新建开始进入误区，同时城市水系也开始萎缩，这使得沧浪亭的水景营造不如往昔。

园林水体与城市水网互相影响、相辅相成，二者共同构成了城市的血脉。尽管今日的沧浪亭少了几分旧时的意境，但纵观历史，沧浪亭的理水很好地体现了古代造园的所谓"善于用因"，即依照不同的园地情况满足园景的要求。

3. 文化影响

在时间的洗礼下，沧浪亭的文化沉淀丰富，曾有众多文人雅士在此居住，用文学诗词来点缀园林景致。北宋庆历五年诗人苏舜钦寓居苏州，曾作《沧浪亭记》来描绘其优美景色，"前竹后水，水之阳又竹，无穷极。澄川翠干，光影会合于轩户之间，尤与风月为相宜"。在沧浪亭这样的净土，被贬的苏舜钦宠辱皆忘，其友人欧阳修也曾为沧浪亭题诗。苏舜钦逝世后，沧浪亭几度易手，后改为佛寺，僧人文瑛复建，为传承先贤的人格精神……

沧浪亭的丰富沉淀仅仅是苏州园林文化的冰山一角。苏州水系奠定了园林文化的发展,园林天人合一的沧浪亭不仅是苏州优美建筑的代表,还承载历史、文学等等,是传统文化的重要组成部分。苏州私家园林自宋代起,就与文人写意山水及诗词曲赋相伴。大批文人山水园均通过其中的饮酒赋诗、仰啸浩歌表达其独特的审美个性,可见古典园林充分体现了文人的生活意趣与追求本真的情怀。

三、武汉与苏州水系对比

同作为中国著名的水系城市,武汉与苏州由于地理、历史、水体等因素差异分别形成了各自独特的水文化。如果说,水是土地的血脉,武汉的水就是大动脉,九省通衢,向外扩张,牵动着区域的贸易与经济发展,创造了多元包容的贸易交流;苏州的水就是毛细血管,水乡泽国,渗透在城里的每一个街道,营造了承载历史与文化的园林,孕育了精致典雅的人文情怀。武汉是中国的经济贸易中心,码头、商铺林立,"九商一民"的人口结构,充分体现了城市贸易多元的商业文化。苏州是历史文化城市,城市河道与园林的理水学问,人造景观顺其自然,天人合一的理念,迁客骚人留下的文集与题词,充分体现了与人文意境。本文对二城从水系特点、文化类型等几个方面对比总结如下:

对比城市 对比项目	武汉	苏州
水系特点	九省通衢,大江河水系,自然水系为主	水乡泽国,河网水系,城区内有大量人工水道
水系类比	犹如大动脉	犹如毛细血管
水系影响方式	带动区域贸易与经济发展,形成九商一民的人口结构	城市水系网络式分布,渗透自然朴素的理水文化
形成文化类型	大码头文化	古典园林文化
文化特点	商业气息浓重,多元,包容兼并,雅俗共存	古韵、精致,底蕴深厚,讲究顺其自然、天人合一
城市类型	国际贸易交流重镇	传统历史文化名城
水系功能退化原因	其他交通运输技术快速发展,航运业萎缩	人口剧增挤占城市公共空间,水道大面积淤塞消失

四、新城市议程下武汉与苏州水系文化传承与发展的思考

2016 年 10 月 17 日，联合国第三次住房和城市可持续发展大会在厄瓜多尔首都基多正式审议通过《新城市议程》。其中第 10 条承认文化和文化多元性是人类丰富性的源泉，为城市、人类住区和市民的永续发展做出重要贡献，使他们在发展中扮演主动、独特的角色。

武汉是一座"因码头而建、因码头而兴"的城市。虽然历史上因为一度日本侵略沦陷造成航运功能的退化，新中国成立后一度复兴，但因新的交通工具与技术的发展，有形的码头渐渐淡出人们的视野，它所承载的码头文化精髓，会代代相传。作为中俄"万里茶道"的起点城市和重要中心城市，武汉市已牵头推动"万里茶道"申遗工作，于 2014 年 10 月 25 日与俄罗斯达成《中俄万里茶道申请世界遗产武汉共识》。并通过申遗，开展文化、经济方面合作，促进共同繁荣。另外，武汉是中部中心城市，武汉依长江而兴，坐拥铁、空、高速和航运四大优势的综合性交通枢纽，新城市建设应该继续加强城市与水的联系，以长江为交通主轴、东湖为生态绿心，持续推动交通、设计、景观、公共建筑的建设、开放与服务。实现四大运输方式的无缝链接，充分将西部等内陆不拥有出海港的城市吸引过来，成为内陆的立交转运港，是恢复万里茶道贸易文化繁荣、建立未来多元化贸易、实现城市可持续发展的重要内容。

在城市趋同化的背景下，保持自身的文化特色尤为重要。苏州古城曾经因为改造渐趋模式化，人们对古城水系风貌的漠视，导致了苏州"水路并行、双棋盘格局"的破坏，导致城市水网及其附属景观的缺失。在全球化的影响下，水系的演变必然发生。原苏州科技学院提出的"四隅分治"方案，将本土化特点与社会演变相结合，构建苏州"新三横四纵"水网体系。根据城市现状发展趋势，因地制宜、因时制宜，重新定义"四隅"的规划——园林古建因素、历史街区因素、景观文化因素、适用人群因素的交叉对比，参考旧时水网的分布进行再划分。其中园林片区的规划是重新将园林与城市水网连接。点状分布的园林古迹，现今以道路连接为主，在园林片区道路中设置水体景观、下沉水系广场、主干道喷泉、人行道地下水系扩展，利用

道路上的"假"水线与真水串联，形成网线，聚合园林的散点，增强联系，减慢现代城市的快速化。

五、结语

此次研究让我深入了解了武汉与苏州两城不同的水域文化及其演变历史。通过水系特点，从而分析文化，通过典型案例，探究具有代表性的城市文化。武汉的东方茶港和苏州园林都是具有鲜明特色的文化标志。同时，我也深刻认识到，维持和创新古旧本土文化是未来城市发展的一个重要环节，并且在长期规划和展望中，城市应该和水系保持联系。

注释

［1］张笃勤:《晚清汉口茶市与武汉社会经济》,《江汉大学学报》(社会科学版)2005 年第 3 期。

［2］刘晓航:《东方茶叶港——汉口在万里茶路的地位与影响》,《农业考古》2013 年第 5 期。

［3］蒋太旭:《"中俄万里茶道"的前世今生》,《武汉文史资料》2015 年第 1 期。

［4］王玉德:《武汉码头文化的历史源流与发展演变》,《世纪行》2011 年第 5 期。

［5］王劲:《苏州古典园林理水与古城水系》,东南大学硕士学位论文,2007 年 6 月。

［6］尤希春等:《四隅分治——苏州古城水系的再生》(2015 中国风景园林学会大学生设计竞赛作品),《风景园林》2015 年 11 月。

［7］彭建等:《论武汉在"万里茶道"申遗中的地位和作用》,《武汉文博》2015 年第 1 期。

［8］陈从周:《说园》,同济大学出版社,2007 年。

［9］徐叔鹰等:《苏州地理》,古吴轩出版社,2010 年。

［10］秦兆基:《苏州记忆》,南京师范大学出版社,2009 年。

［11］苏州太湖历史文化研究协会,苏州茶文化研究会:《太湖文化》,古吴轩出版社,2014 年。

后城中村时代的反思和建议

武外英中：高子悦　王灿灿　陈曦昊　胡子涵　史文笛

【摘要】在城市化的进程中，城中村的改建和发展一直都是非常重要的一部分。当代的城中村改建，以拆迁为主，同时不断地改善城中村的基础设施和提高人民的生活质量。在快速改建城中村的进程中，无数的政策和方法被运用，虽然使城中村得到了日新月异的发展，但不少的负面影响也由此而来。本文以武汉本地的特定城中村为对象，基于以多方面发展为目标的重心，对特定城中村近些年的发展变化进行了研究，提出了针对不同发展方面的建议，根据其他例证说明了另外的发展方向，为城中村后期的发展提供了多项选择。

【关键词】城中村；现状；问题；发展方向

1　介绍

从 1980 年到 2018 年，从杨园第一个试点小区到现在高楼林立，武汉日新月异的发展离不开城中村进程的推进。城中村发展一直都是武汉焕然一新的动脉。

城中村的定义狭义来说，是以村为单位的土地大量被征用后，由一家家分散的小户变成的单元楼或现代化的居民区。这种改变使土地的规划更合理、更有效，能最大限度地满足居住需求、经济发展需求。广义来说，就是在城市高速发展的进程中，整改规划生活水平低于平均居住水平、规划不当的居民区。这些居民区散落在武汉三镇各地，像柴林头、东湖新区等等，随着时间的推移，都已开始，且展现出新的活力和面貌，有的甚至不亚于市中心。

"谈及城中村形成的原因，我们不难想到，改革开放的 30 多年中，城市化的进

图1　武汉青山区地图（其中标黄的为调查区域）

程加速发展，我国的城市数目从 1978 年的 320 个发展到 662 个；城市建成区面积也由 3.6 万平方公里扩大到 9 万多平方公里。城市的快速发展，需要通过征收周边农村的耕地获得扩展的空间。耕地被征收了，当地的农民，却仍然留在原居住地，并且保有一部分供他们建房居住的宅基地。一场'城市包围农村'的运动发生了。村庄进入城市，形成了'城中村'，这是一个比较普遍的原因。"① "中国的现代化进程与城市化、工业化发展也是密不可分的。改革开放以来，中国的追赶型现代化战略取得巨大成功，城市化率从 1978 年的 17.92% 提高到 2014 年的 54.77%。从理论上来说，城市化对经济、社会现代化的巨大推进作用，源于城市化的产业集聚、资源密集与集约利用所带来的显著规模经济与范围经济效益。世界现代化的历史经验表明，城市化与工业化呈显著的正相关。加快推进工业化需要大量的资源投入，中国作为一个超大规模的后发现代化国家，在当时的国际环境下，从其他国家（地

---

① 《京津冀协同发展规划纲要》。

区）获得快速工业化所需的大量资源是不可能的，只能依靠中国自身的积累来加快工业化进程。在当时中国仍然是一个典型农业国的条件下，加快工业化发展所需的大量资源只能主要来源于政府对农业剩余的强制转移。因此，在相当长的历史时期内，以农（业）补工、以农（村）补城（市），是中国工农、城乡关系的结构性特征。城中村是在城市化快速推进过程中，在中国城乡二元结构、不彻底的城市化政策、城市管理的疏漏、配套政策的缺失，以及外来人口大量迁入、房地产市场缺陷式膨胀强力诱导下产生的。"①

对于武汉这样一个中心城市来说，如何让城市规划更合理，人民幸福指数和生活指数爆发性地增长，带动周围的经济，响应党的号召，城中村运动似乎成了不可或缺的一部分。

2　武汉城中村的现状

武汉市青山区和洪山区的现状大致从四个方面讨论：房价，生态环境，交通，娱乐。由于现在社会的高速发展，这块区域以惊人的速度由"村"发展成"城"。我们到奥山附近进行了进一步的实地考察，并且发现了以下的状况。

2.1　房价的变化

首先，为了发展当地经济，首要的就是发展房地产业，因为"住"是人们不可或缺的一部分。青山区当地的房价在近些年高速增长，在短短时间内许多高楼拔地而起，各大楼盘都在竞争当地的资源争取更多的利润。慢慢地，青山区的房价逐渐靠拢市中心城区房价，甚至超过中心地带，由于地方比较偏远，人们的就业相对比较困难，主要以打工为主，大部分居民都是老年人，以退休金为收入，这巨额的房价为当地的居民带来了更大的压力，以至于他们有一大部分经济开销都用于租房与住房。

比如，铂金华府的房价从每平方米 10700 元上升到每平方米 25199 元，增长率

---

① 聂波：《城中村土地房屋征收中的利益冲突与协调研究》，社会科学文献出版社，2016 年。

为 136%，房价甚至高出武汉 CBD 的每平方米 25000 元。

2.2 生态环境

其次，对于当地的生态环境，原本那一块有很多著名的自然景区，比如东湖、磨山景区、落雁岛、粤汉码头、青山江滩等，但由于经济和科技的高速发展，青山区的很大一部分被建造的楼房和地铁交通破坏，空气质量也逐渐降低。

我们去拜访了武汉市园林科学研究院（图 2），地理位置偏僻，周围是零零散散的小商铺和一些老小区。园内有一些科学实验，每一块田种植不同的品种用来进行植物的研究以及为未来生态领域做贡献。同时，这里为附近的居民提供了一个放松的好去处，有拉二胡的老人、散步的人、嬉戏的小孩，不同年龄段的人们都可以在那里休息、社交。这个园林科学研究院不仅进行科学研究，同时便利了附近的居民，如果因为城市建设，这些生态园林景观被破坏，那将得不偿失。

图 2 武汉市园林科学研究院

2.3 交通发展

第三点是交通，青山区的交通不仅是公交线路的增加和扩大，还有地铁的建设，像 5 号线和 9 号线都在施工过程中，这些项目将带给当地长期的发展，它更便于人们工作、娱乐、社交，节省了大量的时间。除此之外，还有桥梁的建设，从 2015 年起到 2019 年竣工，青山长江大桥也像长江大桥一样发挥它的作用，它将带动三镇（武昌、汉阳、汉口）之间的经济，出行的人们也会有更多的交通路线选择，这会改善堵塞的现况。但是在交通发展与生态环境之间也需要寻找到一个平衡点，既不能因为过度的土地开发而失去一个绿色家园，也不能为了生态而放弃经济发展。

2.4　商业娱乐发展

第四点是娱乐，像其他各区一样，青山区也建成了几大商圈，例如众圆和奥山，伴随着各大餐饮、服装、影视企业的入驻，给人们提供了闲余时间娱乐的机会，增加了当地人们的消费，也促进了当地的经济发展。

2.5　有害行为

青山区赌博、吸毒的情况还是存在的。一是因为附近有许多拆迁户，拆迁户从拆迁中获得了可支配的财产，又由于没有太多娱乐方式或者追求刺激，一大群人会选择一起冒险，用聚众赌博和吸毒来打发时间；二是由于当地居民的平均年龄偏高，大部分都是中老年人，空余时间居多，导致了这些违反法律的行为陋习时有发生。

3　对于武汉城中村发展的建议

根据调研，位于武汉洪山区和青山区正在改建的城中村仍然存在很多缺陷和不足。对于这些问题，我们查找了许多资料，咨询了相关人士，从而得出了一些对于正处在发展中的城中村的建议。

3.1　房屋容积率和入住率

第一点，房屋的容积率和入住率应该作为发展的重大衡量因素之一。我们在调研中发现，洪山区和青山区已经开始改建的城中村内，正在修建和刚修建不久的房屋随处可见。大量修建的房屋，推动城市基础设施向农村延伸、城市公共服务向农村覆盖、城市现代文明向农村辐射，改善了村容村貌和农村生产和生活条件。但在此过程中，出现了农村"大迁大拆""以新换旧"，将农村改造成众多看上去整齐划一，实际上千篇一律的居民房，有些地方甚至还成为当地政府官员的"形象工程""政绩工程"。[①] 目前城中村新建的房屋大多都高达十几层，房屋的容积率越来越大，入住率越来越低。而这么高的楼层真的有必要吗？从居民角度观之，这么高的楼层必

---

① 　《新农村人文生态环境的保护与发展研究》。

然会对生活造成困扰，住户的舒适度也会降低；从开发者角度观之，如果没有人购买居住，利润也会随之降低。

例如，我们观察武汉青山区的奥山世纪城，最高达32层，这个楼层甚至比有些人口密集的城区更高。

同时，不少已经开发了的楼盘仍然在修建二期或多期，如此密集的房屋修建，这么多的高楼累积，对于当地的人民却并没有太大的有利影响。

"农村往城市的'社区'方向发展，农民'离地上岸'，进安居房，普遍感到村落功能有些缺失，原有自发形成的交流空间丧失，标志性建筑物和古树等受到不同程度的破坏，原有和谐的邻里关系也受到隔离。"[1] 此外，这些年城中村的不断发展，房价早已经飙升，大部分房屋的价格甚至已经翻倍，与城区的房屋价格相差无几。当地居民的收入却没有同步上升，所以居民似乎更加无法支付不断上涨的房价。反而，越来越多的城区居民到城中村来购置房屋、出租，赚取更多的利润。这些情况无疑会对城中村的发展造成不良影响。对于这些情况，政府理应制定相关政策，例如，规定更小的房屋容积率，调控城中村房屋价格，把控居民购房数量。如果政府不下达有效政策，城中村的实质并不会转向城市，而会变成房地产的竞争场地。

3.2　有效利用和开发生态

第二，据调查发现，青山区和洪山区中有一部分人造公园，例如和平公园。和平公园自1999年由苗圃改建为公园，开放了南门、西站、花架廊广场以及儿童游乐场，也引进了不少花卉品种供游客和市民观赏。和平公园无疑是市民休闲放松的好地方，许多活动也会在此开展，有效地提高了市民的生活质量。然而，不断地引进花卉品种以及开放各所公园是否都有必要。

武汉园林科学研究院，位于青山区和平大道，是一个为城市绿化服务的应用型推广型研究院，同样是一个城市公园。在武汉园林科学研究院，植物种类更加

---

[1]　《新农村人文生态环境的保护与发展研究》。

齐全，还有不少珍稀植物品种。当市民在其中休闲锻炼的时候，也可以认识了解更多的植物品种，享受清新的空气，这里也有更加专业的专家和不同的实验田。

既然效果并没有什么不同，重复的场所就显得有些多余，引进不同的花卉植物需要花费更多的人力和财力，建议和平公园的花架廊广场可以进行转移。比如可以把花展转移到武汉园林科学研究院，更多的人会关注到这样的一个研究院，前来参展的人们同样也能学到更专业的知识。与此同时，我们注意到了附近的江滩。在傍晚和晚上，附近不少居民会去那里散步，这样一个好的娱乐休闲场所，更是值得开发的。目前江滩并没有被完全开发，基础设施在前半段已经完善，后半段却与它形成了鲜明的对比——路灯等基础设施还未修建完毕。如果可以好好利用江滩这一块土地，附近居民的日常娱乐生活必然能得到很大的提高。

3.3 城市天际线

第三点，在城中村发展的过程中，与城市之间的平衡不应该被打破，一个很显著的方面就是城市天际线。城市天际线又被称为城市轮廓或全景，是由城市中的高楼大厦构成的整体结构，或由许多摩天大厦构成的局部景观。天际线亦被作为城市整体结构的人为天际。世界上很经典的天际线有香港会展中心和悉尼歌剧院。

而武汉的天际线则是武汉民生银行大厦，位于江汉区，高达331.3米。这些高楼很均质，构成了每个城市不同的奇特的天际线，彰显和提升了城市的整体气质。所以武汉民生银行大厦作为武汉的天际线是独一无二的，也是无可取代的，武汉的独特意向也被武汉民生银行大厦很好地体现了出来。然而，如果在城中村出现大量的高楼，极有可能模糊了武汉天际线，削弱整个城市的气质。如果只是谋求城中村的发展，而不顾武汉大局，岂不是"捡了芝麻丢了西瓜"？所以，在城中村修建高楼并不是明智的选择。

3.4 从多方面改善居民的生活

第四，城中村居民的生活还需要很大的改善，交通、医疗、教育以及商业的问题仍然没有解决。

在调查的过程中，我们发现洪山区和青山区的交通并不便利，地铁还在修建，青山长江大桥还没完工。一个地区的经济以及生活质量的提高，交通起到了关键性的作用。交通就好像城市的血脉，如果一个地方没有了顺畅的血脉，经济自然不能快速发展。居民的生活也离不开交通，现在的青山区和洪山区只有公交这一种公共交通方式，难免拥挤和乱序，造成的麻烦与问题是不言而喻的。虽然城中村正在改建，街道和社区已经逐渐向城市的方向靠拢，但是本质没有太大改变。城中村的教育和医疗并没有得到太大改善，相比城区的资源而言，仍然是匮乏的。抽样调查显示，教育、医疗和住房占居民日常支出的很大一部分。

普仁医院，是青山区最大最优质的医院，但是医疗资源相对于武汉城区的同济医院和协和医院来说，并不十分充足。尽管价格稍微便宜一点，城中村的居民还是更偏向于城区的医院，尤其是稍微严重一些的疾病。

教育资源对于城中村的居民也是一个大问题。数据显示，青山区最好的高中为武钢三中，洪山区最好的高中为洪山高级中学。然而，这两所高中在武汉市的排名只排到了第九和第十名，而前面的第一到第八名全部聚集在城区。这项排名非常直观地反映了武汉城中村教育资源的不足，而这个问题很难通过培养大量人才来帮助改造。虽然这些状况不是短期内能改变的，但是如果政府可以合理分配教育和医疗资源，加速道路桥梁的修建，城中村是可以明显受益于这些政策的。

3.5 追求快速的经济发展

最后，快速的经济发展也是城中村一直追求的目标之一。为达到这个目标，招商引资相对来说是最好的选择。对于商业投资，城中村存在足够多潜在的优势。第一，由于人民群众受教育程度不高，劳动力便宜且充足。第二，由于城中村的商业还未开发完全，受众面积大，市场大，并且由于城中村地处偏远，租金相对便宜。第三，城中村的飞速发展，让人期待它广阔的发展前景。第四，招商引资为当地居民提供了更多的工作机会，更好的娱乐场所。并且，人们的生活质量随之提高，人均GDP随之上涨，当地经济得到了更好的发展，也为城中村未来的配套设施打下了坚实的基础。

4 其他发展方向

对于城中村的发展，除了改善各个方面，我们也提出了其他的解决方法。

4.1 新型产业园区

一些具有特点的城中村可以被改建为新型产业园区，如东湖高新区。

就现在看来，东湖高新区拥有超过 2000 家高新技术企业聚集，各类产业如光电通信相互竞争的园区，不仅有利于武汉的经济发展，更有效地提高了整个武汉甚至是中国在国际上的科技领域竞争力。而武汉作为一个高校云集的地方，致力于让人才拥有更多的发展机遇，极其需要更多的产业园区，为人才们提供更多的创业以及就业机会。这对于东湖的城中村无疑是一个最好的发展方向。

4.2 观光景点

一些得天独厚且拥有丰富自然风景和资源的城中村可以被改建为景点，供人们游览参观。

很多城中村环境优美，地理位置也不偏僻，随着发展，武汉也需要从旅游也获得更多的经济收入，基于良好的基础条件，如古旧的居民楼，充满武汉特色的小店铺，城中村有机会成为武汉吸引游人的胜地。园博园就是一个很好的改建例子，博物馆和优美的园区复建相辅相成，已成为武汉的又一旅游地，国庆黄金周，园博园就吸引了超过 35 万人次的参观。观光也成为该城中村的主要收入。

4.3 民间博物馆

还有一些城中村，因为留下了许多岁月的痕迹，它们可以被改建为民间博物馆。

基于现状，城中村是一个与民众贴合的地方，其中走街串巷的小贩和手艺人更是快速城市发展留下的瑰宝。保留一部分建筑群，并作加固处理，安排专业的人士保护，可以给这些非物质文化遗产提供一个井井有条的环境，使之更好地传播。这样一来，政府的经济开销小，且给许多原住居民带来了更好的就业条件和机会。

5 总结

通过对武汉青山区和洪山区城中村的调研，我们充分了解了城中村目前的发展情况，提出了对于发展的建议和方案，得出的结论是：城中村的发展改造不能过于激进，也不能过于笼统，针对不同的城中村特质，应该采用不同的政策和方法；在发展经济的同时，生态保护和民生问题也该得到同样的重视。

我们相信，我们心中的美好家园是一个与时代并进、多方面发展，同时保留地区特色的独特城市。

武汉市城中村绿化改造问题初探

武外英中：金英爱　许诺　司美　黎语葭　胡灵玥

【摘要】城中村是发展中国家独具特色的存在，也是城市绿化的"老大难"，针对城中村的绿化现状和现实问题，尝试提出创新性解决方案。

【关键词】城中村；改造；绿化

曾经，城市里的"农村"是江城武汉一道特别的风景，使得武汉在历史上一直有着"县城"的称号。

据 2004 年统计，武汉市"城中村"包括 147 个行政村和 15 个农林单位，总人口 35.66 万人，其中农业人口 17.10 万人，土地总面积 200 平方公里，相当于武汉市 2020 年规划建成区面积的四分之一，数量与规模居全国之最。

武汉市将城中村定义为《武汉市土地利用总体规划主城建设用地控制范围图（1997—2010 年）》确定的城市建设发展预留地范围内，因国家建设征用土地后仅剩少量农用地、农民不能靠耕种土地维持生产生活且基本被城市包围的行政村。

根据实际拥有耕地现状，武汉市将全市"城中村"分为三类：A 类村为人均农用地小于或等于 0.1 亩的村；B 类村为人均农用地大于 0.1 亩、小于或等于 0.5 亩的村；C 类村为人均农用地大于 0.5 亩的村。2013 年 9 月，武汉市出台了《关于积极推进"城中村"综合改造工作的意见》文件，对"城中村"进行大力改造。时至今日，武汉仍然有数量较多的城中村。

1　城中村绿化——城市绿化工程里被遗忘的角落

1.1　城中村：被城市绿化忽略的存在

在 2018 年 5 月武汉市政府发布的《健康武汉 2035 规划》中，武汉市提出了要努力创建国家健康城市示范市，打造健康中国"武汉样板"的目标，"实施城乡环境整治工程，打造健康环境"是其中一项重要任务。而城市绿化工程无疑是打造城市健康环境中不可缺失的一环。

城市绿化指用植被装点和覆盖城市。城市绿化在城市生态环境系统中具有还原功能，使城市的生态系统具有弹性和还原功能。以武汉为着眼点，2017 年武汉全市完成园林绿化建设投资 91.98 亿元，建设绿地面积 860 公顷（其中新增绿地面积 659.35 公顷）。全市建成区绿化覆盖率 39.55%，绿地面积 20947.31 公顷，绿地率 34.47%，公园绿地面积 8355.86 公顷，人均公园绿地面积 10.91 平方米（来自武汉政府网《2017 年武汉市绿化状况公报》）。武汉市政府在城市绿化上投入大量资金和精力，一是因为城市绿化的经济回报是多种且丰厚的；二是因为城市绿化作为基础设施和休闲娱乐设施，可以提高居民生活质量，也影响着城市名誉。

然而随着城市绿化的推行，人们对于城市周边绿化、街道绿化等关注度逐渐升高，但城市中的一处特殊的存在——城中村，却似乎被人们遗忘。主要的原因，当然是由于城中村绿化工程不仅难，而且与诸多方面利益有着冲突。

1.2　城中村绿化的难点与冲突

城中村顾名思义就是城市里的村落，指农村在城市化进程中，由于全部或大部分耕地被征用，农民转为居民后仍在原村落居住而演变成的居民区。从地域角度上讲，它属于城市的范畴；从社会性质的角度上说，仍保留了传统农村的因素。城中村多有拆迁难、人口稠密、公共空间拥挤、不在城市规划之内、土地使用存在诸多冲突等问题。

首先，城中村的庭院住宅绿化以及道路两侧绿化难以推行的原因就是人口稠密。城中村被纳入城市范畴后人口密度增大，但道路（因为未纳入城市规划）仍保持着原来的样子，导致道路狭窄拥堵，难以在道路两侧种植植被。而人口流动性增大则导致了这个区域没有系统的管理，使原有或者新增的绿化无人打理。

其次，城市规划滞后，违法违章建筑相当集中，公共空间拥挤。在城中村里居民见缝插针地搭建临时建筑，造成空间异常拥挤。加上在城市化进程中，城中村中的许多居民已经在城市其他社区购买住房而将老屋出租，造成城中村中的居民成分改变，大多是外来务工等人口。

再次，也是城中村的本质问题，就是土地使用和归属冲突。由于城中村是在城市向外扩展的过程中被城市包围的村落，部分城中村的土地仍属于个人私有，并不属于国家公有，这就直接导致了公摊面积小（甚至没有）。同样因为这个复杂的社会因素，城中村拆迁困难。由于没有及时地改造和修整，城中村流落在城市规划之外，政府无法干涉和推行城市绿化，而城中村本身又没有这种调节能力。

以上这些因素会导致相互引发连锁反应，一旦某一环出现了问题，城市绿化便不能顺利地进行。

2　城中村绿化改造的重要性

2.1　城中村居民的自身需求

随着现代城市发展水平越来越高，城市居民对自身居住环境的要求也越来越高。城中村居民作为城市居民中一个特殊的群体，同样希望拥有良好的宜居环境。而绿化环境是居住外部环境中的最重要、最直接的因素。

2.2　城市景观体系构成的需要

城中村作为城市空间范围内的一种存在，必然参与构成城市景观体系。城市中的公园、林地、湖泊和丘岗等均质景观作为城市景观系统中的斑块，在一般城市中，其数量和面积并不能满足理想生态景观系统的需求。而城中村以其自身的自然成分和面积优势，恰恰能够承担起斑块的功能。合理利用城中村改造进行景观设计，对于城市的整体生态有很大的积极作用。

2.3　以小何西村为例，看城中村绿化的重要性

小何西村，武汉最负盛名的城中村，其行政名叫小何村。也许因为其居于武汉

西郊，久而久之就被称为"小何西村"。据统计，鼎盛时期在这个城中村里共有5万人居住，包括本地房主、外地房主和租户。小何西村是在改革开放的第二个十年，迎来了它的建设者和开发者——外来务工人员。作为当时武汉城区的近郊，小何西村遍地平房而且地价便宜。于是，村里村外许多人发现了商机，买地盖楼，然后出租给源源涌入大武汉的农民工们。那时的小何村一点也不脏乱差，现在的"光谷"当时还是一片菜地时，它可以称得上"先进而时尚"。

从20世纪八九十年代至今，随着城市的发展，小何西村周边渐渐纳入城市规划并被开发成商业楼盘，而小何西村的建房从未停止，直到村里再也没有空地盖出新房。当离它仅三公里的"光谷"成为武汉地标性的存在后，它用密集的廉价房收留了"光谷"里来自五湖四海的年轻人，也正因如此，在互联网上，它拥有了以其名字命名的论坛，年轻的租客们把它推上了"武汉最负盛名城中村"的高座。然后，它不可避免地出现了所有城中村的弊端：人口密集、治安差、公共空间狭小、几乎没有绿化设施，居住环境只能用"脏乱差"来形容。

假如在其发展过程中，能够注重规划和环境建设，或许不会面临被拆迁的命运。就像九龙寨城，日本人复刻的九龙寨成了全世界趋之若鹜的主题乐园，而香港的原版却只能被强制拆毁。

3　城中村绿化手段建议

3.1　注重植物造景，打造独特又独立的城中村生态

前面说到了城中村可以作为城市景观系统中的特色斑块。我们可以设想把城中村当成是城市的一个独特区域，周围用植物作为隔离带和连接带，就像城市中的开放公园，不同的是，这是"城中有园，园中有城"的特色存在，使城中村成为相对独立的王国。

同时，再通过几条与外界联系的主干道路绿化，将城中村绿化与城市整体绿化衔接起来，从而打破相对独立，构成连接。

3.2 城中村立体绿化工程

由于"城中村"的内外均无更多的扩张空间，因此必须从立体绿化上下工夫。可以打造墙体绿化、围栏绿化、灯柱绿化、阳台窗台绿化和屋顶绿化等全方位的立面空间，通过立体绿化来赋予空间的多样性，美化居住环境延展居住空间；并可结合本地和本村文化特色，使人与动植物及环境组成有机整体。

3.3 开启城中村智能绿化时代

按规定，经批准实施改造的"城中村"，新建的农民新村内的基础设施（道路、排水、绿化、供水、燃气、供电、电信、邮政等），由相关部门同步纳入年度计划，并组织实施。但"城中村"改造完毕之前，其社区内的各项管理经费，除已明确责任的以外，仍然由改制后集体经济实体支付。因此，可以说城中村的绿化工程相对独立，相比整个城市绿化来说体量也不大，完全可以在有关部门的指导下，作为典型试点，开启先进的智能绿化模式。运用高科技手段，将绿化工程智能化，如智能化灌溉、智能化房屋改造等等。

总之，虽然从长远发展来看，城中村最终会成为历史，不可避免地被拆迁和改造，但在其存在的日子里，尤其是在其改造的过程中，一定要引起有关方面足够的重视，将绿化工程纳入城市绿化的统一规划中；要唤醒城中村居民的绿化家园意识，发动其开展家园绿化行动；要充分吸收国外先进经验，用新型、智能、发展理念进行城中村的绿化建设。

注释

[1] 陆志成:《城市中心区（老城区）的绿化建设——城市绿化建设中一个不容忽视的问题》，《中国园林》2001年第4期。

[2] 徐波，郭竹梅，王鹏:《大城市老城区绿地规划方法的探讨——以郑州市老城区居民游憩绿地体系规划为例》，《城市绿地》2004年第4期。

[3] 肖颖莹:《关于武汉城中村规划改造设计的探索》，《戏剧之家》2015年第16期。

[4]《武汉最著名城中村即将谢幕 5万租客该往何处去》，腾讯大楚网。

武汉内涝的现状及其治理对策

武外英中：田诗扬

【摘要】武汉市地处古云梦泽的东缘，地势低洼，又是长江、汉江交汇之地，众多湖泊就是古云梦泽和长江、汉江河道的遗迹。在汛期，长江和汉江的水位经常高出城市地面。即使没有城市建设，当地也容易发生洪涝。而城市建设挤占湖泊、实施地面硬化，更加重了洪涝程度。在 1998 年和 2016 年，武汉尤其在汤逊湖水域，遭受了严重的内涝情况。这篇文章主要以此为切入点，推出海绵城市与加强其他方面的城市防洪排涝能力建设的实施方案。在文章后半部分，雨水重利用的问题与实施方案也会提到。

【关键词】内涝；海绵城市；雨水重利用；净化措施；武汉

1 武汉出现的内涝情况

武汉市 2016 年 6 月 30 日—7 月 6 日遭遇连续强降雨，汤逊湖、南湖地区的几个雨量站的周降雨量均突破历史极值，达到 565.7 ~ 719.1 mm。在 7 月 6 日的降雨过程中，湖水满溢，沿湖地区大面积内涝。由于内涝范围广、内涝时间长而引起社会的普遍关注和业界的热议，并将主要原因集中指向武汉的填湖问题。认为填湖问题导致了武汉在以汤逊湖排水系统为主的南湖与光谷地区遭遇严重内涝，其他原因为汤逊湖的来水通道过流能力不足、泵站自身的运行效率下降、外江水位高于泵站设计水位、抽排设施实际能力核算与预期不符[①]等等问题。

---

① 陈雄志：《武汉市汤逊湖、南湖地区系统性内涝的成因分析》，《中国给水排水》2017 年第 4 期。

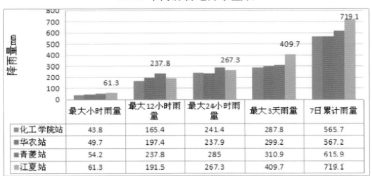

2016 年内涝各地降水量表

	最大小时雨量	最大12小时雨量	最大24小时雨量	最大3天雨量	7日累计雨量
化工学院站	43.8	165.4	241.4	287.8	565.7
华农站	49.7	197.4	237.9	299.2	567.2
青菱站	54.2	237.8	285	310.9	615.9
江夏站	61.3	191.5	267.3	409.7	719.1

2 海绵城市与其他方案

武汉市处于长江中下游，河流湖泊众多，同时地形变化北高南低，加之雨量较大，使得武汉市成为内涝最为严重的区域。正是基于这些原因，急需建造海绵城市，从而促进武汉更好发展。

2.1 海绵城市建设关键是源头减排、过程控制与系统治理三个过程

2.1.1 源头减排

在城市各类建筑、道路、广场等易形成硬质下垫面（雨水产汇流形成的地区）处着手，实现有效的"径流控制"。综合采用绿色建筑和低影响开放建设的手段，在建筑和小区等地块的开发建设过程中，结合区域雨水排放管控制度，落实雨水径流控制的要求。

2.1.2 过程控制

海绵城市的理念是要通过"渗、滞、蓄"等措施，将雨水的产汇流错峰、削峰，不致产生雨水共排效应，使得城市不同区域汇集到管网中的径流不要同步集中排放，而是有先有后、参差不齐、细水长流地汇集到管网中，从而降低了市政排水系统的建设规模，也提高了系统的利用效率。

2.1.3 系统治理

治水要从生态的完整性考虑，充分利用地形地貌、自然植被、绿地、湿地等天

然"海绵体"的功能，充分发挥自然的力量。同时，相关部门一定要形成合力，统筹规划、有序建设、精细管理，实现"规划一张图，建设一盘棋，管理一张网"，才能够收到事半功倍的效果。[①]

2.2 融入海绵城市的理念于武汉

2.2.1 充分利用武汉城市建设的良好基础

武汉市天然海绵体基础强大。武汉"两江三镇"的面积达 8494.41 km^2，其中，公园绿地面积 7016.89 km^2，人均公园绿地面积 11.06 m^2，建成区绿化覆盖率为 39.09%，森林覆盖率为 27.31%。武汉全境水域面积 2217.6 km^2，覆盖率达 26.10%，是全世界水资源最丰富的特大城市及中国最大的淡水中心，境内 5 km 以上河流 165 条，水面面积 471.31 km^2。这些天然海绵体都为建设海绵城市提供了强大的基础。

武汉一系列的水生态修复工程为海绵城市建设提供了助力。为了留住雨水资源，同时缓解城市水生态的污染问题，武汉市启动了一系列的水生态修复工程，武汉的"大东湖"生态水网建设、汉阳"六湖连通"工程、金银湖水网"七湖连通"工程等重大生态修复工程取得了阶段性成效，这些工程已经成为武汉地区生态链的重要组成部分，加强了"湖泊海绵体"的联动效应，初步构建了生态水网湿地群。在城市基础设施建设中，武汉市实施城建攻坚计划，每年城建投资过千亿元，城市道路、绿化、排涝、治污、供水等基础设施水平全面跃升，城市"渗、滞、蓄、净、用、排"功能得到提升。

2.2.2 融入现代城市建设的新理念

武汉海绵城市建设要融入宜居、智能、绿色等现代城市建设理念，贯彻"守住生态红线，建设智慧城市，推动绿色发展"的现代城市建设基本要求。首先，要充分发挥武汉高科技优势，依托互联网、物联网和云计算等先进技术，建立武汉市水资源分布的大数据系统，科学规划海绵城市建设项目，实现科技、人文和生态的融合，打造智慧海绵城市，实现海绵城市建设项目的智能化运行管理；其次，要大力

---

① 刘德明主编：《海绵城市建设概论——让城市像海绵一样呼吸》，北京：中国建筑工业出版社，2017 年。

推进城市绿色低碳循环发展，制定综合利用水资源的体制机制，倡导节水文化，大幅度降低水资源消费。[①]

2.2.3　需要加大城镇建设规模的控制，强化土地资源的利用，贯彻生态建设与恢复并存的原则，确定生态用地，并扩大绿地面积，打造具有特色的园林生态城市。

在海绵城市的建设中，针对其中的问题与缺陷，需要结合实际情况，及时调整建设方案，确保海绵城市建设的全面落实。针对城市内涝集中的区域，需要强化开发力度的控制。比如，可以发布限制开发命令，逐步实现资源配置的优化。

针对内涝集中区域的开发，必须要详细分析各类影响因素，制定有效的解决措施，强化设施布局，全面提升内涝控制力度。在实施过程中，必须要强化海绵城市的建设理念，强化与城市防洪排涝工作之间的结合，并站在城市发展角度上，强化经济效益与生态环境之间的联系。

2.2.4　海绵城市的建设并不是重新构建城市，而是在城市原本的基础上，强化生态保护系统，并在此基础上开展城市建设，开展生态性建设作业。

在城市建设开发中，需要最大限度保护区域内的湖泊、森林、湿地、河流等，严禁对敏感区域造成污染。在武汉海绵城市建设中，必须要重点保护湖泊，通过采取截污、综合整治、河底淤泥控制等手段，强化城市湖泊水质的改善，全面改善河流内的水质。在海绵城市建设中，必须要强化生态环境的保护，更好地推动海绵城市建设工作的开展，确保海绵城市建设能够发挥其该有的作用。

2.2.5　武汉在开展海绵城市建设工作中，必须要强化与内涝防治工作之间的有效融合。

在海绵城市建设中，综合治理措施主要包括：第一，制定统一的城市排水系统标准，加大旧城区排水系统的改革，新城区必须要全面按照相关标准开展作业。第二，旧城区的改建与重造，就资本难度问题，需要及时解决，采取由点到面的排水

---

① 阮云婷，徐彬：《武汉建设海绵城市实现雨水资源化利用的对策》，《湖北工业大学学报》2016年6期。

系统构建形式。①

2.3 必须在进行**海绵城市建设**的同时，加强其他方面的城市防洪排涝能力建设

尽管海绵城市可以帮助武汉更好地渗透、储存、调节内涝问题，但仅依靠海绵城市建设，不能彻底解决武汉的城市洪涝问题。因为即使将城市建成区的1/3绿化面积中的1/3用来进行海绵城市建设或改造，按海绵城市建设面积平均入渗、滞蓄300 mm降水计算，也只能滞蓄城市全部建成区33 mm的降水，若遭遇300 mm以上的大暴雨，还是远远不能满足城市雨洪控制的要求。

武汉现今问题

2.3.1 泵站抽排能力严重不足

在武汉市汛期、雨季同期发生的情况下，汛期涵闸关闭，泽水部分经湖泊调蓄，主要靠泵站抽排出江。但城区泵站现有抽排能力只有61 m³/s，满负荷开机，每天仅能抽排3100万 m³。据统计，1998年7月降水1.8亿 m³，至少需要5~6天才能排完。所以，若按照36 h降水36 h排完的标准，则现有抽排能力至少要增大3.8倍。由于全市大部分泵站建于20世纪六七十年代，经过几十年运行，机电设备老化，可靠性差，难以满足排水要求。

2.3.2 排水管网不完善

武汉市老城区排水管网形成于特定历史条件下，管涵过水断面偏小，若按现行设计标准校核，重现期仅达0.25 ~ 0.33年；新建区排水管网不配套，随着武汉的发展，建成区不断扩大，原本是农田、菜地和鱼塘变为水泥路面，径流量增大，但排水设施配套却没有跟上，从而降低了这些地区的排水标准。历年来，由于全市城排和农排没有统一管理，排水设施建设只重视城区管理建设，而忽视下端郊区明渠整治，明渠淤积阻塞排水，影响了城市排水能力的充分发挥；有的地区至今尚无系统的排水管网，如武昌的罗家路地区、汉口北部地区和堤角、六合沟地区等。

---

① 杨超：《基于城市内涝条件下武汉建设海绵城市的路径》，《研究建材发展导向（上）》2014年6期。

2.3.3 湖泊的调蓄能力不断下降

大量填湖造地，湖泊面积减小，且淤积严重，致使湖泊的调蓄能力不断降低。

2.3.4 排水设施管理不善

城市排水设施点多线长面广，其管理既是专业性，也是群众性的；既是系统性的，也是多方位的。管理排水系统需要政府部门与群众的统一合作，但是武汉的高层管理还存在一些薄弱环节，群众自觉维护意识淡薄，雨水口经常堵塞，管道没有定期疏涝是造成局部地区排水不畅的主要原因。

2.3.5 污水处理能力不足

武汉市高峰季节每日排放的城市污水量近 300 万 t，而现有的城市污水集中处理能力仅有每天 46.4 万 t，导致近 250 万 t 的污水排入长江、汉江和市内湖泊，并且不同程度地污染了受纳水体，给城市生产和人民生活带来危害。[①]

2.4 解决方案

2.4.1 树立安全第一的观念，优先利用湖泊防治洪涝。城市湖泊有供水、旅游、渔业、生态、调洪等多种功能，多种用途应该相互协调。

对于城市内涝成为严重安全威胁和实际灾害的武汉市，湖泊的利用应首先保证城市的安全，应优先服从城市洪涝防治调度的要求。由于负责洪涝防治的水务部门自身难以协调与湖泊有关的部门之间的关系，因此需要更高层面的领导机关进行协调，明确赋予水务部门汛期湖泊防洪调度权。

2.4.2 建立湖泊洪涝防治调度制度。对每个需要进行防洪防涝调度的城市湖泊，应规划设置湖泊正常水位、防洪水位和汛期限制水位，并根据暴雨预警的级别，规划设置级别不同的预警限制水位。接到预警，就立刻启动排水设施，预先把水位降低到对应的预警限制水位，并且在汛期每场暴雨之后，在要求的时间内把水位降低到汛限水位。

2.4.3 尽早完成抽排能力建设，为湖泊调蓄洪涝提供保障。

---

① 肖海斌，宋绍红：《武汉市排水规划初论》，《城市道桥与防洪》2003 年 3 期。

为了在接到暴雨预警后尽快把湖泊水位降低到预警限制水位，以便为抵御暴雨做准备，尤其在降雨频繁的情况下，能够有足够的快速抽排能力，武汉市已经规划了近期要把城市外排能力提高到 2284 m^3/s，需要加快推进落实。这些抽排能力只要布置得当，完全可以满足一天内把所有湖水位降低 1.5 m 的要求。

2.4.4　河网连通，发挥联调功能。

只有通过河网把面上的雨水汇集到湖泊，并把湖泊相互连通，才能充分发挥湖泊系统的洪水调蓄功能。一方面，除了武汉市已经规划的东湖连通工程，长江南岸的武昌地区、长江与汉江之间的汉阳地区、汉江和长江以北的汉口地区三大地域的湖都应该分别统一规划湖泊之间、江湖之间的连通通道，发挥互相调剂的功用；另一方面，需要恢复或重建各汇水面到湖泊的汇水通道，保证面上径流及时汇集到湖泊，避免局部地区发生内涝灾害。河网连通不仅要打通连接通道，还必须建立节制闸，以起到各湖泊库容联调的作用，并防止地势高的湖泊水下泄到地势低的湖泊而造成水害。

2.4.5　疏浚湖泊和河网，保证调蓄空间。

对于水浅不能满足调蓄要求的湖泊及河道，应及时通过疏浚挖深来保证水系的调蓄深度。在土地资源紧缺的城市地区，通过疏浚挖深，在垂直方向开发空间资源是必要而可行的。就湖泊众多的武汉市而言，这比在地面 30 m 以下建设深隧用来蓄积雨水、洪水过后再抽出来处理排放的方式应该更为经济合理。同时，挖深湖泊来调蓄洪水还具有不多占用土地的优点。

2.4.6　提高入湖水质。

避免不满足要求的城市生活和工业污水直接排入湖泊；利用海绵城市设施，净化城市地表径流，使入湖地表径流水质达到渔业用水、景观用水的水质要求。

2.4.7　滨水土地采用弹性开发模式，对湖滨、河滨的滨水土地，可采用具有水缓冲功能的弹性开发模式。

滨水土地，尽可能用来做湿地、休闲用地，当洪水来时允许暂时淹没。即便修建滨水楼房，也可以将一楼设计成可暂时被淹没的空间。例如，作为运动场、停车场等，并有配套的预警功能，在洪水淹没之前能及时疏散人员和财物。[①]

3　雨水重利用

3.1　城市雨水利用类型

城市雨水利用的类型包括集雨利用、雨水入渗、屋顶绿化雨水利用和雨水径流集蓄等。

（1）集雨利用

集雨利用包括：屋顶集水，即屋面雨水的收集传输，初雨处理、储存、曝气、利用；操场集雨，即渗水性足球场上埋暗管集雨，跑道内缘环暗沟集雨，篮、排球运动场集雨；路面集雨，即利用雨水管、雨水暗渠等方式传输，净化处理后进入蓄水池回用，或利用道路两侧的低绿地作为路面雨水收集截污系统；广场集雨，即径量较集中，但水质会受到广场上人们活动及车辆泄露等影响，需要采取有效的截污措施。

（2）雨水入渗。包括渗水性运动场、下凹性渗水草坪、车行渗水性路及人行渗水性路、嵌草砖铺装和毛石嵌草砖铺装雨水入渗和利用辐射井雨季收集雨水回灌补给地下水。

（3）屋顶绿化雨水利用指的是屋顶绿化可作为雨水集蓄利用和渗透的预处理措施。[②]

（4）雨水径流集蓄措施包括雨水罐和调节塘两种形式。

雨水罐为地上或地下封闭式的简易雨水集蓄利用设施。雨水罐可用塑料、玻璃钢或金属等材料制成，多为成型产品，施工安装方便，便于维护，但容积较小，雨水净化能力有限。雨水罐适用于城市建设中市政、住宅及多功能类项目（适用于单体建筑屋面雨水的收集利用）。

调节塘也称干塘，以削减峰值流量功能为主，一般由进水口、调节区、出口设施、护坡及堤岸构成，也可通过合理设计使其具有渗透功能，起到一定的补充地下

---

① 贾绍凤：《关于武汉市发挥湖泊调蓄优势 防治内涝的建议》，《中国水利》2017 年 7 期。
② 郑丽娟，汪宝会，郭鑫宇：《雨水利用技术与管理》，中国水利水电出版社，2015 年。

水和净化雨水的作用。进水口多设置碎石、消能坎等消能设施，防止水流冲刷和侵蚀。塘深一般 0.6 ~ 3 m。塘底设计成可渗透时，塘底渗透面距离季节性最高地下水位或岩石层不应小于 1 m，距离建筑物基础不应小于 3 m（水平距离）。调节塘一般设计成多级出水口形式，以控制调节塘水位。

3.2 水径流入渗措施

水径流入渗措施包括透水铺装、绿色屋顶、生态树池、渗透塘。

透水铺装是目前城市建设中常用的一种铺装构件，其形式分为表面有孔和无孔两种。有孔的透水铺装雨水下渗作用和美化景观作用大，无孔的透水铺装由断级配的水泥砂浆组成，雨水下渗作用较小。该措施主要用于城市建设类项目、平原地区公路项目等。

绿色屋顶一般由排水层、过滤层、土壤基质层和植被层构成。目前，国际上通行的绿色屋顶分类方法是依据其基质厚度分为拓展型绿色屋顶和密集型绿色屋顶。① 拓展型绿色屋顶基质层较薄、施工方便、造价低廉、养护简单，主要栽植草坪、地被、小型灌木和攀缘植物。② 密集型绿色屋顶基质层较厚，造价较高，养护要求高，可以支持大灌木和小乔木生长。此外，绿色屋顶对绿化面积有一定要求，如加拿大多伦多绿色屋顶建设规定绿化面积占屋顶面积的 20% ~ 60%，而美国要求绿化面积占 50%。绿色屋顶具有延缓达到径流峰值所需时间、削减径流峰值、延迟产流时间和削减雨水径流污染物浓度等作用。其调控方式主要有以下几种： ① 降水可以被基质的空隙吸纳或者被基质中的吸收剂吸纳； ② 绿色屋顶中的植物可以通过拦截、蓄积削减屋顶径流； ③ 一些水分可以滞留在植物表面，并通过植物蒸腾或者基质蒸发回到大气中。

生态树池包括通过隔板隔开的种植区和集水区，集水区的上部设有无缝隙的盖板，隔板的底部设有底孔，集水区的外壁设有外溢流孔，隔板上设有内溢流孔。种植区中的树池填料从下至上依次为砾石层、给水厂污泥与炉渣的混合层、种植土层、陶粒层。内溢流孔和外溢流孔的高度与所述种植土层底部的高度平齐。生态树池可以将雨水净化，并收集净化后的雨水，可以通过树木自吸达到浇灌的效果。适用于道路两旁绿化带，并以乔木为主。

渗透塘是一种用于雨水下渗补充地下水的洼地，具有一定的净化雨水和削减峰值流量的作用。该措施在南方城市雨水控制工程中较为常见。渗透塘多设置沉沙池、前置塘等预处理设施，去除大颗粒的污染物并减缓流速；有降雪的城市，应采取弃流、排盐等措施防止融雪剂侵害植物。边坡坡度一般不大于1.3，塘底至溢流口水位一般不小于0.6 m。底部构造一般为200～300 mm的种植土、透水土工布及300～500 mm的过滤介质层。排空时间不大于24 h。[①]

3.3 武汉的雨水重利用现状

3.3.1 雨水利用项目在尝试试点推行。

如武汉百步亭世博园居住区项目规划建设雨水利用工程，共计34100 m² 的面积拟将收集利用雨水，用于公共绿化与水景补水、道路浇洒和场地及车辆冲洗等。武汉光谷金融服务中心在建筑规划中拟建雨水收集利用设施，用于商业区生活用水等，集雨汇水面积达78000 m² 时，估计年回收雨量95316 m³，回收雨水总水量远大于商业区需求用水量53194 m³。这些都说明武汉雨水资源化利用具有较好的潜力和市场应用前景。

3.3.2 武汉市在雨水资源化利用中存在诸多不足和限制性因素。

其一为重视不够、资金投入不足，部分地区在进行城市规划建设中缺乏远见，认为雨水利用工程投资大、收效慢，且后期的运行维护需要一定费用，经济效益不明显，忽视其社会效益及生态效益；其二是雨水利用工程规划、设计和建设不规范，没有充分考虑各地自然及社会经济的特殊性，只是套用其他地区经验，导致资源浪费和效益不高；其三，我国现阶段缺乏专门针对雨水利用的行业规范，也缺乏相关法律法规的规范和引导，往往造成工程建设无序发展。因此，要想科学地对雨水进行管理和合理开发，必须确定合理的布局规划，制定一系列的行业标准和法律法规，

---

① 孔东莲，田露，袁普金，王梦瑶，侯琨：《我国南方城市建设项目雨水集蓄利用措施及其配置模式》，《中国水土保持》2018年4期。

促进雨水利用工程标准化、规范化、常态化。[①]

4 结语

武汉内涝在近几年中以光谷地区与南湖地区尤为严重，具体指向填湖与设备老化等问题。本文根据海绵城市的融入与利用湖泊调蓄洪涝的对策来提出多种方案解决武汉市的内涝问题。在内涝问题的衍生下，雨水处理也是当今的研究热点，希望在不久的将来，武汉的内涝问题与雨水资源利用会得到较大的改善和提升。

---

① 陈为铎：《武汉市城区雨水资源化利用潜力及其可行性分析》，华中师范大学 2014 年硕士学业论文。

人工智能与城市发展

武外英中：牛梁坤　胡天钰　王昕艺　方昀骅　张天毅　刘昱泽

一、关于人工智能的基本信息

人工智能主要研究用人工的方法和技术，模仿、延伸和扩展人的智能，实现机器智能。有人把人工智能分成两大类：一类是符号智能，一类是计算智能。符号智能是以知识为基础，通过推理进行问题求解，即所谓的传统人工智能。计算智能是以数据为基础，通过训练建立联系，进行问题求解。人工神经网络、遗传算法、模糊系统、进化程序设计、人工生命等都可以包括在计算智能。

传统人工智能主要运用知识进行问题求解。从实用观点看，人工智能是一门知识工程学：以知识为对象，研究知识的表示方法、知识的运用和知识获取。

二、大数据时代

当今社会数据正在呈爆炸式增长。随着数据体量的增大，大数据时代来临。在过去的几年之中，基于数据收集渠道的拓宽，数据处理技术的进步，人们对于如何更好地使用数据，发挥数据更大的商业价值，也有了更多的探索和尝试。

大数据是指巨量的数据集，并且指通过专业化的工具来收集、处理，加工后能够形成具有商业价值的数据集，而具体处理数据的技术、包括硬件软件本身的商业价值则不在讨论范围之内。

笔者认为，大数据时代的来临，有以下几点原因：

1. 技术手段的扩展，尤其是互联网的发展，允许几乎所有存在物的痕迹都可以被实时记录，并可能公开暴露在网络之上。互联网特别是移动互联网的发展，加快了信息化向社会经济各方面、大众日常生活渗透的同时，也使得人们社会活动的可数据化程度大大提高。

2. 信息技术及相关技术的大发展，庞大数据的产生、收集、存储、处理、应用成为可能。为了从大数据中获取价值，新技术例如人工智能（计算和分析软件、数据挖掘技术）的广泛应用。

3. 监管部门越来越关注数据的获取和使用问题，很多国家均出台了包括但不限于隐私、安全、知识产权等等相关法案和条例。例如，我国出台了一些保护公民网络隐私权的法律法规与制度条文，特别是于 2017 年 6 月 1 日正式实施的《中华人民共和国网络安全法》，强调了中国境内网络运营者对所收集到的个人信息所应承担的保护责任和违规处罚措施。

然而，随着收集和交换的数据量越来越大，法规可能还无法跟上新的时代。在这种情况下，针对数据保护和隐私的隐性规则显得尤为重要，APEC 和 OECD 曾发布了一系列关于数据方面的框架，包括了收集限制、使用限制等，为提高效用和保护隐私的边界提供了一个可供参考的准则。

在这个机器逐渐代替人工的时代，AI 人工智能不仅能通过机械进行重复且高效的工作，占领第一产业第二产业的主要重复性工作，而且在数据的统筹归类与分析改进方面，起到了关键性的促进作用。AI 通过之前数据的记忆和反复分析，加上内部数据的储存资料，可以给出对未来可发生情况的大致预测，在一些对未来可能存在的领域和职位上可以起到主导性作用。

三、对城市建设中现有问题的 AI 解决方案

1. 城中村问题

城中村，泛指那些农村村落在城市化进程中，由于全部或大部分耕地被征用，

农民转为居民后仍在原村落居住而演变成的居民区。在当今社会中，城中村问题仍然存在且未得到相应合理的解决方案。以下是笔者发现的较为明显的几个由城中村问题引发的结果以及我们给出的相应方案。

首先是贫困问题。由于村中老一代居民受教育水平低下，村民的收入来源主要是低廉的租金、土地征用后的赔偿、集体资产出租后的分红和从事第三产业的收入，致使一些村落收入过低。其中，信息技术普及不足还会导致其他问题，例如村民就医时，由于不了解医保政策或不会使用智能服务设施如专家系统（Expert System）或手机智能挂号服务系统，医院门口常常混乱不堪。这不仅导致院方的工作效率降低，而且还可能导致就医时间不佳而引发的人身安全。为此，笔者认为人工智能可以在其中起到绝佳的作用。比如，政府得出台柜台机智能医保普查政策，最大化地让城中村居民跟上时代步伐并从中受益。村民可以提交个人信息并完成数据库连接，人工智能将在云端筛查所有给定的限制与要求，如慢性疾病、癌症以及急性症状的突发，实现智能匹配相应专家并及时给出疾病解决方案与对策，村民会得到最佳配对方案并最大化节省时间与精力。而贫困的另一个主要原因是失业。由于落后的受教育水平，许多村民找不到合适且高薪的工作，并最终导致相对贫穷。但不可否认的事实是，由于国家规定的义务教育政策，每个人都有或高或低的知识水平，所以每个人都可以找到适合于自身特性的工作。而唯一的问题就是无法准确匹配，尽管他们可能只隔了一道墙，由于统一招聘系统的缺失，缺人才的工作单位可能找不到他们需要的城中村人才，人工智能可以智能且有效地分析人才的特征并为其提供最佳的工作岗位与训练机会，相应的公司也会因使用比其他地区更加低廉的劳动力而从中获利。这也终将致使公司与人才实现双赢。

其次是教育问题。正如之前所说，低等教育很可能会致贫穷，所以教育的普及或更高效地运用将是解决问题的关键所在。为此，城中村应先引进针对中高考的培训学校。他们可以利用人工智能，有效地分析学生成绩并计划最佳的成绩提升方案。这个措施的宗旨在于针对每个学生个性化地安排课程而不是一味地统一授课，否则只会是教学资源的浪费或不是有效地运用。最终，孩子们也会因此考入高等学府并从根本上解决知识水平低下的问题。目前，笔者实地调查的湖光村已引进城市知名私有培训机构"龙门VIP学院"，一些孩子因此受益。另外，众所周知的中考分流人才问题也可被人工智能有效解决。但还有许多人，认为被中考刷到职业学校的学生多半都是没有学习意愿的，所以他们常常会被另眼相待。教育专家认为，这其实会破坏学生的自尊心，导致其丧失学习欲望，会导致教育低下等问题。但事实是，被分配到职校的学生大多都掌握一些专业的技能。所以，读职校不可怕，可怕的是不知道自己的天赋异禀。而人工智能就可在此大展拳脚，通过大数据处理，这些专业化的人才可以满足更长远的就业需求。这些技术人才的信息将会被接入雇佣系统（ES），紧接着将会被智能分析与匹配，达到准确就业的目的。

再次是企业与城市生活环境问题。城中村管理滞后或不规范，警力巡查和监督有限，综合管理相对薄弱，赌博、吸毒等违法违规行为时有发生。而人工智能就能恰到好处地解决这些问题。如先前所说的就业问题，若当地人的就业问题得到了解决，企业也将搬迁进这个小集体，有了先驱者，随后大批大批的新企业将随潮涌现，或者更多的城中村人将创办小微企业，最终将改善当地的经济。另外，人工智能也可以帮助建设更加宜居的生活环境，如建设立体城市，更加有效地利用向上的空间。

2. 环境污染问题

目前来说，武汉的环境相较以前已经有所好转。2012年武汉市政府颁布《武汉基本生态控制线管理规定》，明确全市生态框架区域的保护范围和管理政策，构架完整的城市生态空间。虽然环境有所改善，但仍还未达到绿水青山的目标。笔者认为有如下几个问题，并针对问题制定了有效的解决方案。

污水排放：污水问题主要分为两方面，工业污染和生活用水污染。根据近期统计数据，长江、汉江入河排污口主要分布在城区江段，其数量达43个，在"二江五河"的武汉段入河排污口达到95个。由于各个排污口污染物超标排放现象较为普遍，超标项目多、超标率高且超标率大，而水体稀释自净能力有限，污水汇入常常超过环境允许容量，形成岸边污染，直接导致沿岸水厂取水口水质下降。面对如此严峻的问题，武汉市应当采用一些AI技术去解决。在排污过程中，经过设计的AI系统可以通过检测水质的传感器反馈回的数据去判断此类污水还有没有再次利用的可能。如果有，系统会判定这类污水应该被放入哪个净水厂进行净化，并且将此类污水直接通过管道排到指定净水厂。在净水厂方面，也可以制作一个 AI 系统，根据水污染的轻重程度来决定使用成本最小的净化方法，达到最好的效果。最终将经过净化过的水资源传输到可以利用的地方。建议市政府可以考虑投入更多经济支持在这方面项目上，来解决武汉市的污水问题。

燃料使用：据美国石油业协会估计，地球上尚未开采的原油储藏量越来越少，可供人类开采不超过 95 年的时间。在 2050 年到来之前，世界经济的发展将越来越多地依赖煤炭。其后在 2250 到 2500 年之间，煤炭也将消耗殆尽，矿物燃料供应枯竭。在找到更好的可再生能源之前，武汉市可以依靠 AI 技术来尽量节约不可再生能源的使用。比如在电力方面，可以设计一个 AI 程序来控制发电的功率。因为如果发电设施一直保持高效率发电会消耗更多能源，但一直保持低功率发电则无法满足城市对电的需求，所以这个 AI 程序可以通过用电量去分析整个城市所需要的最合适的发电功率，然后再让发电设备进行调整，保证不可再生能源的最大节约。

垃圾处理：在垃圾处理方面武汉也已经做过一些措施，像园博园之前就是垃圾填埋场，但是，垃圾问题仍然困扰着武汉。据《武汉市人民政府关于城市垃圾处理及基础设施建设情况报告》中公布的数据，武汉市中心城区当前生活垃圾产量平均为每天 5800 t，年产量达 211.7 万 t，生活垃圾中餐厨等有机垃圾约占 30%，可回收垃圾约占 25%，无机物约占 10%，其他类约占 35%。综合人口增长等因素，全市生活垃圾产量年均增长量为 51%。由此可见，如果不有效地处理好垃圾，垃圾问题会越来越严重，通过 AI 技术是可以很好地解决这个问题。地理信息系统（Geographic Information System, 简称 GIS）是能提供存储、显示、分析地理数据功能的软件。AI 系统可以通过 GIS 收集的武汉市各个区域地理数据，去分析出这片区域的垃圾承受上限和下限，再做平均分配，让每一片区域的垃圾承受量不会太高也不会太低，从而使垃圾分配更均匀、处理更高效。

湖泊利用：武汉乃是"千湖之省"湖北省的省会城市，有长江、汉江，另有许多中小型湖泊，如果仅仅是用来作为旅游景点和环境保护方面发展，是有些浪费资源的。所以，对于湖泊的利用如果开发到最大化，武汉市将发展更加迅捷。当然，通过 AI 技术是可以实现对于湖泊开发的最大化的。还是使用 GIS，让 GIS 分析地理环境的各个数据，然后将分析的数据传输到 AI 程序，再由 AI 程序分析湖泊的经济、科技、城市发展等各方面的用途，最终提出好的建议给政府规划部门。这样，武汉才会确定湖泊的经济效益并将实际效益做到最大化。

3. 交通问题

武汉市民对于交通肯定深有感触，堵车、挤公交、找停车位已经是家常便饭，这说明武汉市的交通系统需要进行进一步改进。人工智能在交通领域也是一种非常实用的工具，在人类社会中，作为城市毛细血管的交通是一套非常复杂的系统。这套系统包括交通工具、基础设施（比如桥梁、隧道、道路等）、信号系统，它们是人工智能非常重要的应用领域，人工智能正让这些系统越来越聪明，也更加安全。笔者认为，可以从以下几个角度分析：

（1）交通工具。交通工具是最贴近普通人生活的，交通工具问题解决了，人们才会觉得城市宜居。在未来，智能汽车、智能公交会融入我们的生活。交通工具方面的人工智能需要处理视频摄像头、雷达传感器以及激光测距器传输回来的数据对附近环境或突发情况进行操作，例如转向、减速、停车等。并且在智能汽车的系统中，还需要具备 GPS 等确定地理位置的设备，这样人们就不会碰到司机绕路，或不知道具体位置的情况。人工智能会根据乘客要求，进行定位并根据卫星传回的路况等其他因素通过模拟退火算法（具有跳出局部极值区域的能力，能找到全局最优或近似最优而与初始点的位置无关），规划出一条最为高效的路线，这样堵车现象将大大减少。智能汽车的另一个好处就是它由人工智能操作，所以不会犯下一些低级错误和违反交通规则的行为。所以在人工智能发达的未来，交通事故的数量会大幅度降低，人们生活更加美好。

（2）信号系统。在交通系统中，信号系统扮演了很重要的角色，然而现在的一些基础设施还比较落后，如果加入人工智能，公交系统将更加完备。我国目前引进国外交通控制系统例如 TRANSYT、SCOOT 等，但这些系统并不能完全适应我国交通的情况。所以在交通控制系统这块，可以将粒子群算法带入人工智能中，这样交通系统将变得更加合理，例如信号灯变化会根据前方车流量进行变化。还有监控系统，人工智能可以通过学习，将拍下的模糊照片进行复原，并且照下更多重要信息，人工智能也可以运用在监控方面。交通部门可以通过人工智能分析的大量视频录像和选出的视频去分析问题，效率大大提高。

（3）基础设施。武汉的三环线能给我们带来巨大的交通便利，而人工智能在这方面则可以利用 GIS 分析的地形数据和周边基础设施，去分析出最适合这个地形的基础设施。搭配周围的基础设施和环境地形做出最适合的方案。

四、人工智能与城市发展

为顺应武汉日益扩大的发展趋势，武汉市政府提出了构造城市圈（1+8）的政策，将武汉的金融圈、城市圈联系起来，形成一个网络，在可以更加便利地相互贸易和联系的同时有效避免城市的盲目发展和无序扩张。

对于中国大部分一线城市来说，无论是大到工业发展，还是小到人们的日常生活，AI 都是城市规划时不可或缺的重要组成部分。近几年，快递业逐渐发展起来，物流速度也就成为人们所关注的话题之一，随着像"双 11"类似的高流量、多人次同时进行的单日特大型促销活动的盛行，单纯的人力物流和低效率的机械分类给物流行业增添了巨大的压力，而这种压力会随着 AI 的介入大大减轻。AI 人工智能通过分析商品的特征，进行自动分类且制定运输方案，比如一些保存时间比较短、价格会随着时间流逝而降低的生鲜类，AI 能对其制定专门的运输路线和运输方式，从生产到包装再到运输，一条龙服务，将时间和损失降到最小，这样才能让利润达到最大化。

广告在人们的生活中处处存在，而如何达到最有效地推广却成为问题。AI 的出现给商业推广提供了一个很好的平台，在这个平台上，AI 能通过不同公司（甲方）所提供的项目进行详细分析，根据其要求自动推荐给适合的企业（乙方），进行线上谈判和签合同，以达到共赢最大化。

武汉是一个工业发达的城市，同时带来了日趋严重的环境问题，给市民的生活和健康带来了巨大的影响，政府不得不采取一些政策去保护生活环境。本文在此提出一种更高效的方式，在减少城市污染的同时，提高社会的经济效益：通过 AI 制定算法，计算并分析武汉及其附近地区自净参数、工业污染指数和经济效益指数，进行多方因素考究，将重工业分配给周围城市，使每个城市承担的污染都在城市的自净、处理能力范围内，带动该城市的 GDP，达到生产环境双获益的重工业合理外移。

人工智能对未来城市的影响

（1）AI 公安

当今世界，AI 已经在各行各业中展现出了其应有的效用，但是人工智能在公安方面所发挥的效用首屈一指。

首先，公安行业用户对海量的视频信息有着迫切的需求，具体体现在发现嫌疑人的线索，对视频内容特征提取上。AI 正好在这方面有着天然的优势。前端摄像机的内置人工智能芯片，可以更好地分析视频内容，检测运动对象，识别人和车的信息，然后通过网络传递到后端人工智能的中心数据库进行储存。另外，汇总的海量城市化信息，再利用强大的分析能力，人工智能可以对嫌疑人的信息进行实时分析，给出最可能的线索建议，并将犯罪嫌疑人的轨迹锁定由原来的几天，缩短到几分钟，为案件的侦破节约宝贵时间。

（2）就业

诚然，人工智能必将会抢走一部分重复的、对技能需求低的工作，但是同时 AI 会给社会带来更多新职业、提升空白职业的招聘效率。

正如前文提到的城中村就业改造系统，就业问题由人工智能解决，效果将会更加明显。起初，由于每个个体的多样性与其他个体的区别，每个人都会带有自己独有的的特长与短板。尽管在大体上可能存在相似，但人工智能则可以无限细化信息，找到少数甚至唯一的不同，最终完成一丝不苟的分析，找出每个人最合适、能接受的教育。因此，笔者主张推广前文提到的职业教育与人工智能教育分流，这里提及是因为该情况有概率会使城市的职业分配效率降低；为了提高人才的利用率和减少企业在寻找人才上的花费，笔者建议地区建立雇用信息数据库和雇佣信息匹配系统，每个想就业的个体可以通过互联网上传提交个人信息到该地区雇佣系统（ES），通过人工智能匹配到有相似甚至同样需求的企业，最终完成智能化配对并传达信息到双方，由此实现更节省时间与精力的求职。不同于现有的网上求职，人工智能求职更快：无须双方花时间互相搜寻，人工智能将自发地高效匹配，求职面更广；避免人才被掩盖，例如专业化人才的与高校人才求职平台的差异，导致企业错过最合适的人才，造成不可逆的损失。而若将人工智能普及更加广阔，各个平台的人才也会受到关注，那么城市的长远经济也将由于他们的涌现而飙升。同时，人工智能也能提高求职质量：通过严格、多方面的考虑与筛选，虚假信息将会被自动废除，提高了求职效率的同时也提高了其他用户的忠诚度。如果系统运行正常，每个求职者都会得到专属于自己的满意工作，而企业也会因雇佣更合适的人才而进一步提升效率。

注释

［1］陈玮：《武汉市城市垃圾处理的现状与对策分析》，https://www.xzbu.com/7/view-4386836.htm

［2］宋晓红：《李振海日本污水处理及回收再利用实例分析》，https://wenku.baidu.com/view/813fdca4dc3383c4bb4cf7ec4afe04a1b071b036.html

［3］环境保护部印发《高污染燃料目录》，环境保护部网站 http://www.gov.cn/xinwen/2017-04/02/content_5183048.htm#1

［4］交通系统中的人工智能变革，CSDN https://blog.csdn.net/np4rHI455vg29y2/article/details/78599347

［5］严新平，吴超仲，刘清，马晓凤：《人工智能在智能交通系统中的应用》，《中国人工智能学会第12届全国学术年会论文汇编》，2007年11月20日。

［6］贾泽露，刘耀林：《可视化空间数据挖掘研究综述》，《2008年测绘科学前沿技术论坛论文集》，2008年10月24日。

The Inheritance and Contemporary Development of Living Heritage

— Take the Ancient Town of Lili in Suzhou as an Example

Wuhan Britain–China School: Yin Haining

Abstract: With the investigation of an ancient town of living heritage called Lili in Suzhou, and combined with the experience and lessons from the development of some ancient towns in China, this paper explores the development concept of the cultural inheritance and protection of contemporary living heritage ancient towns, according to the aborigines of ancient towns, the commercialization of ancient towns, and the relationship between ancient towns and technologies.

Key Words: Ancient Town, Living Heritage, Aborigine, Commercialization, Technology

Living heritage is extended from the concept of "living monument" which is put forward in the Florence Charter in 1982. The concept has apreared since the 1990s, which is put forward by UNESCO World Heritage Committee for the protection of world heritage sites, aiming to emphasize the dynamic use and inheritance of cultural heritage in local community. The "living" means the original functions of the heritage are still in effect. There are many living heritages in reality, such as famous historical cities, famous towns, famous villages, historical gardens, intangible cultural heritages. Nowadays, due to the acceleration of urbanization, the form of traditional ancient towns has changed and some inappropriate behaviors in the tourism development of ancient towns make varying degrees of destruction of the ecological environment and cultural atmosphere of many ancient towns. Therefore, it is urgent to protect the living state of ancient towns.

This paper takes the living heritage protection of the ancient town called Lili in Suzhou as an example, and puts forward a systematic strategy for the living heritage protection and development of ancient towns by analyzing the existing problems of ancient towns and clarifying the relationship between protection and development. The ancient town of Lili belonging to Wujiang district in Suzhou city, is a famous historical and cultural town in China. Its history can be traced back to 2,500 years ago. The 66.8 hectares core protection area of the ancient town has accumulated numerous historical relics of Song, Yuan, Ming and Qing dynasties and the people's Republic of China. It is also known as the "Four Li" in the southern area of the Yangtze river, together with Tongli, Zhili and Guli. Liu Yazi, the initiator of the Southern Association, has been active in this area and has the former residence of Liu Yazi . The ancient town of Lili is still in its original state, and people are still living here, so it is worthy of being called living heritage.

1. The Issue of Aborigines in Ancient Towns

The protection of ancient towns is for people, and the development of ancient towns is also for people. The protection of ancient town's living heritage depends on the inheritance of connection. Should the ancient town be built into a closed scenic spot with no popularity, or retain its historical features and provide better life space for aborigines? The outcome varies with different orientation. It is ambiguous whether aborigines should move out from ancient towns or not, bcause no law or regulation has restrained aborigines so far.

Wuzhen is a classic case of Chinese ancient town's development. The controversy regarding its development (a.k.a. "Wuzhen Mode") has never stopped. The local government in Wuzhen wants to expropriate local ancient buildings, and provide better subsidies to the aborigines to encourage them to move out. On the one hand, with the policy support, more aborigines are willing to leave their homes, because the outside world can provide them with more employment opportunities and better living conditions. On the other hand, as the aborigines living in the ancient town, they certainly do not want to be filled with the noise of tourists every day. They are eager for a quiet life, instead of making themselves the background of the historical stage and serving as the foil of the ancient town. The tourists hope to see the life scene of the original ancient town. But as bystanders, have we ever wondered if this is really the life they want? The social environment cannot deceive them. They also want to use washing machines, air conditioners and other modern technical achievements.

Undeniably, no matter from the perspective of employment opportunities or economic conditions, the external attraction to aborigines is much greater than that of the ancient town, which well explains the reason of brain drain in the ancient town. Moreover, repairing damaged houses also causes varying degrees of damage to ancient buildings. The aborigines consider the ancient town heritage they live in as their own property, so they will use their own ways to repair their houses. For example, they will repair the broken walls with cement, replace all the wooden windows with aluminum alloy, etc. They don't have enough money to buy advanced Internet facilities, but they are eager to connect with modern society, so they may make a mess of the original quaint room...

On the face of things, moving the aborigines out seems to be more beneficial for the preservation of the ancient town's living heritage. But from a deeper thinking, As residents living in the ancient town for decades, they naturally have feeling for here and most of them love this piece of land. So for emotional reasons they have little willing to move out, and not all the ancient heritage is not beneficial to the career development of young people. Taking the "Fujian Tulou" as an example, "the development of the tourism is the key to the young people coming back", because of the success of applying World Heritage, Tulou provides more development opportunities for young people. The return of more well-educated young people also contributes to the development of the Tulou. With the development of Tulou tourism in Yongding and Nanjing counties, more young people are willing to return their hometown.

The best way to protect ancient towns is to be inhabited and used. We should improve our living functions while retaining our homesickness. The residents in the ancient town have the motivation to protect these cultural heritage and are willing to stay here, if their life in towns is as good as that of the external world. As a living heritage, it is one-sided to only protect historical buildings and cultural relics. Only when the local residents live a normal life, can the heritage be inherited, and the ancient town will present its original background.

2. The Issue of Commercialization in Ancient Towns

Commercialization endows the living heritage with innovation and vitality. Because of the broadcast of "Kung Fu Panda", people know more about pandas and have more interest in pandas; and because of the commercialization of "Shaolin Temple", more people appreciate the charm of Buddhism in China. These are all commercial operations to inherit the world cultural heritage. The effect is self-evident. In addition, the commercialization of ancient town heritage can raise funds for the protection of cultural heritage, and promote the development of local GDP. For example, to protect the buildings, dozens of wooden beams have to be replaced every day in the ancient town of Lijiang. The daily cost is tens of thousands, which is definitely a huge expenditure. The commercial income of Lijiang effectively alleviates the grim situation. Therefore, commercialization not only effectively protects the heritage itself, but also brings great benefits to the ancient town, and at the same time improves the motivation and confidence of local residents to protect the ancient town heritage. However, commercialization also has serious disadvantages. Many ancient towns in China are full of shops selling all kinds of tourist souvenirs and running all kinds of snacks and restaurants in the streets. The ancient towns, which are totally turned into commercial towns, only have "houses" but no "residents", and lack of life atmosphere. Excessive commercialization will make an ancient city lose its connotation, just like a gorgeous empty shell with antique architecture, but the interior loses its original appearance.

By contrast, the ancient town of Lili is much better. The whole town is not being driven by business. The commercialization is only an ornament of the ancient town, but by no means the whole town. This is an ancient town in the south of the Yangtze river that has been forgotten by the prosperity. It has a long history, gurgling rivers, ancient stone Bridges, crisscrossing boats, houses with black tiles and white walls, and uneven green flagstones. The ancient town of Lili is well preserved; every little way along the street connects to a small section of water steps made by green flagstones; many people in the ancient town retain the traditional washing method at the water steps, washing dishes before and cleaning mops and other debris nowadays. It hasn't been commercialized yet, and many things are still with their original memories and tastes. Each ancient town has its own unique resource endowment and historical context. We should take advantage of these precious historical context resources

to form differentiated development. The living upgrade of ancient towns needs a good location, the ancient town in the humanities background, based on modern poet Liu Yazi float bridge ecological culture and ecological park, as well as the inheritance of Chinese folk art culture resources to develop the related facilities, such as Liu Yue Museum, closely around the

"Cultural Tourism Town" target, with "waterfront town combined properties and 4A scenic spot to create" to lead the work, perfect shape, rich forms, cultivating mode, highlight the feature of "ancient town, culture, tourism, industry, and ecological", implements the coordination with integration of tourism, commerce and tourism culture, ecology and tourism interconnection, provides experience for the commercial development of other ancient towns.

The presence of the ancient town commercialization is necessary, but not excessive. Proper guidance is very necessary. The ancient town faces three kinds of people, such as residents, merchants and tourists. How to make these three kinds of people live in harmony in the ancient town is important to the vitality of the ancient town and the healthy, sustainable development of the tourism. Lacking of commercialization makes an ancient town inanition, however, excessive commercialization will destroy the core value of an ancient town. We hope that all ancient towns can handle a certain degree of commercialization, and never give up the protection of the context of ancient towns simply because of the pursuit of commercial income.

3. The Relationship between Technology and Living Heritage

The living heritage of ancient towns is an important material that gradually settles down through historical development to represent national culture and spirit. With the progress and development of our society, many cultural heritages are slowly disappearing. At present, it is very urgent to take remedial measures for the cultural heritage of these ancient towns. VR technology can build 3D virtual simulation system for these ancient town heritages, which plays a very important role in the research, protection and introduction of cultural heritages. The application of VR technology in the protection of ancient town heritage is mainly reflected in two aspects. One is to increase the frequency of exhibition, which can effectively alleviate the overload of visitors in ancient towns. The second is digital preservation, digital processing and preserving the ancient town through 3D scanning and digital modeling technologies in VR technology. VR technology can be used to construct a large number of technical data more accurately and comprehensively, and to carry out classified storage of ancient town heritage. The Cultural Relic Cloud also provides support for the protection of ancient towns' living heritage. It is a monitoring and early warning platform, a cultural relics archive management platform, and also a cultural relics protection management and information sharing platform. By monitoring the main diseases that affect the safety of the monitored objects and the main influencing factors of these diseases, the current situation and development trend of these diseases can be timely and accurately discovered, which scientifically assess the preservation status of ancient cultural relics. A variety of technical methods for dynamic, effective risk monitoring and early warning management are used on the ancient town's cultural heritage , which improve the comprehensive ability of preventive protection of cultural heritage. The application of modern science and technology makes us change the passive renovation into active monitoring in the protection of the living heritage of ancient towns. Not only modern VR technology and the Culture Relic Cloud, but also many modern technologies can be combined with world cultural heritage and play an important role.

Past, present and future are only relative terms. The protection and development of the living heritage of ancient towns should consider the perspective of its whole development process. The protection of ancient towns is long–term and integrated work. For the government, it is suggested to introduce relevant legal documents on protection, repair and environmental management of ancient towns, so that the people in the ancient city have rules to protect and repair the dwellings, and ensure that the living heritage of the ancient town is not destroyed from the legal level. For investors, they should have empathy. Without the love of ancient towns and the attitude of cautiousness, we cannot perform well in the protection and development of ancient towns, not to speak of making the town living. For the aborigines, they should be able to consciously and spontaneously coexist with the local ecological environment and historical context in harmony. In addition, the current development of the ancient town has no fixed pattern, so the process of protection and development should combine with the precious historical resources endowment of ancient towns, and deal with the relationships of context tradition, natural resources protection, aborigines, commercialization, and technologies, balancing the demand, exploring the best path which is suitable for the development of the ancient town. The context and genes of ancient towns can be inherited and extended, escorting and guiding the living heritage of ancient towns.

Reference

[1] Xun Ying, Liu Junming. Viewing the Living Protection of Cultural Heritage from the Perspective of Authenticity. 2014. Wenbo. Pp86–88.

[2] Yuan Shengfei. Analysis on the Application of VR Technology in the Protection of Cultural Heritage.Identification and Appreciation to Cultural, 2018. Relic.Pp136–137.

[3] Ding Yapeng. Observation of Ancient Towns Series Report http://js.xhby.net/system/2018/10/19/030886200.shtml. 2018.

[4] Specialized and special "Little Giant" Chinese culture "Guardian" ,2018.

叁

新闻报道篇

全球唯一工业遗产教席研究基地在汉授牌

——周先旺出席第七届无界论坛开幕式并致辞

长江日报讯（记者鞠頔）思想无疆，智慧无界。27日，第七届ICO-MOS-WUHAN无界论坛在汉开幕。开幕式上，联合国教科文组织工业遗产教席研究基地授牌，基地设在武汉龟北片工业区，该教席是全球唯一的工业遗产教席。市委副书记、市长周先旺出席开幕式并致辞。中国城市规划协会名誉会长赵宝江出席开幕式。

自2012年起，无界论坛已成功举办六届。本届论坛由国际古迹遗址理事会共享遗产委员会、联合国教科文组织工业遗产教席和武汉地产集团主办，主要聚焦"人文·人居·新时代"主题，深入探讨文化遗产特别是文化线路在城乡可持续发展中的特殊作用。

周先旺代表市委、市政府向莅临本届论坛的海内外嘉宾表示热烈欢迎。他说，历史文化是城市的根脉和灵魂。近日，习近平总书记在考察广州市历史文化街区时特别强调，城市规划和建设要高度重视历史文化保护，要突出地方特色，注重人居环境改善，注重文明传承、文化延续，让城市留下记忆，让人们记住乡愁。这为我们做好城市历史文化遗产保护工作，指明了方向、提供了根本遵循。

周先旺介绍，武汉是一座具有3500年建城史的国家历史文化名城，揽山水之幽，得人文之胜，现有历史街区16片，各级文物保护单位400多处，优秀历史建筑193处。当前，武汉正以"长江文明之心"建设为抓手，在武昌古城、汉口历史风貌区、汉阳归元片区等重点区域，大力实施生态复修、老城复兴、文脉复归工程，护城市之魂、扬城市之韵、传城市之神、铸城市之魂，着力打造世界级历史人文集聚展示区，努力走出一条具有武汉特色的历史文化遗产保护之路。他表示，武汉将以本届论坛举办为契机，吸收前沿理念，借鉴国际经验，推动武汉实践，努力为促进世界各国文化交流、保护人类文化遗产作出贡献。

开幕式前，周先旺还与赵宝江等与会嘉宾举行座谈，就推动城市建设和可持续发展深入交流。

法国驻汉总领事贵永华及20多名国内外相关专家学者出席开幕式。市政府秘书长刘志辉参加开幕式。

长江日报讯（记者鞠頔）思想无疆，智慧无界。27日，第七届ICOMOS-WUHAN无界论坛在汉开幕。开幕式上，联合国教科文组织工业遗产教席研究基地授牌，基地设在武汉龟北片工业区，该教席是全球唯一的工业遗产教席。市委副书记、市长周先旺出席开幕式并致辞。中国城市规划协会名誉会长赵宝江出席开幕式。

自2012年起，无界论坛已成功举办六届。本届论坛由国际古迹遗址理事会共享遗产委员会、联合国教科文组织工业遗产教席和武汉地产集团主办，主要聚焦"人文·人居·新时代"主题，深入探讨文化遗产特别是文化线路在城乡可持续发展中的特殊作用。

周先旺代表市委、市政府向莅临本届论坛的海内外嘉宾表示热烈欢迎。他说，历史文化是城市的根脉和灵魂。近日，习近平总书记在考察广州市历史文化街区时特别强调，城市规划和建设要高度重视历史文化保护，要突出地方特色，注重人居环境改善，注重文明传承、文化延续，让城市留下记忆，让人们记住乡愁。这为我们做好城市历史文化遗产保护工作，指明了方向，提供了根本遵循。

周先旺介绍，武汉是一座具有 3500 年建城史的国家历史文化名城，揽山水之幽，得人文之胜，现有历史街区 16 片，各级文物保护单位 400 多处，市级优秀历史建筑 193 处。当前，武汉正以"长江文明之心"建设为抓手，在武昌古城、汉口历史风貌区、汉阳归元片区等重点区域，大力实施生态复修、老城复兴、文脉复归工程，护城市之貌、扬城市之韵、传城市之神、铸城市之魂，着力打造世界级历史人文集聚展示区，努力走出一条具有武汉特色的历史文化遗产保护之路。他表示，武汉市将以本届论坛举办为契机，吸收前沿理念，借鉴国际经验，推动武汉实践，努力为促进世界各国文化交流、保护人类文化遗产做出贡献。

开幕式前，周先旺还与赵宝江等与会嘉宾举行座谈，就推动城市建设和可持续发展深入交流。

法国驻汉总领事贵永华及 20 多名国内外相关专家学者出席开幕式。市政府秘书长刘志辉参加开幕式。

链接 >>>

联合国教科文组织教席

联合国教科文组织在全球 120 多个国家，超过 600 所教研机构中设立了不同专业研究方向的教席，组建了全球教育、科学、文化的学术研究网络。工业遗产教席是全球唯一的以工业遗产为主要研究方向的教席，教席持有者及团队将对武汉的工业遗产开展登记、研究、抢救、修缮、改造设计等工作。

联合国助力武汉"工业遗产保护"

教科文组织全球唯一工业遗产教席研究基地在汉授牌

长江日报讯（记者韩玮　王谦）27日，第七届"无界论坛"在汉召开，联合国教科文组织工业遗产教席研究基地授牌，设在武汉龟北片工业区，该教席是全球唯一的工业遗产教席。

2016年12月14日，联合国教科文组织正式批准在武汉设立"联合国教科文组织工业遗产教席"，2017年6月正式生效。该教席由华中科技大学与中信建筑设计研究总院共同申办，是国际遗产保护与利用研究高地，是武汉申报"设计之都""世界遗产"的主要智库。

联合国助力武汉"工业遗产保护"
教科文组织全球唯一工业遗产教席研究基地在汉授牌

长江日报讯(记者韩玮　王谦)27日，第七届"无界论坛"在汉召开，联合国教科文组织工业遗产教席研究基地授牌，设在武汉龟北片工业区，该教席是全球唯一的工业遗产教席。

2016年12月14日，联合国教科文组织正式批准在武汉设立"联合国教科文组织工业遗产教席"，2017年6月正式生效。该教席由华中科技大学与中信建筑设计研究总院共同申办，是国际遗产保护与利用研究高地，是武汉申报"设计之都""世界遗产"的主要智库。

为何这"全球唯一"会落户武汉？武汉文化遗产保护专家丁援博士表示，因为武汉作为中国近代重工业发祥地、新中国工业重镇，拥有丰富的工业遗产资源，同时也面临着大城复兴，产业升级等重大挑战。此外，武汉举办了诸如

"无界论坛"等众多活动，与联合国教科文组织和国际古迹遗址理事会专家有密切联系。"工业遗产教席"落户武汉，表明武汉丰富的工业遗产引起联合国教科文组织高度关注，同时也将极大促进武汉的工业遗产保护和研究与国际接轨。

第七届"无界论坛"由国际古迹遗址理事会共享遗产委员会、联合国教科文组织工业遗产教席和武汉地产集团联合主办。

武汉地产集团设计管理部部长尹卫民介绍，联合国教科文组织工业遗产教席的研究基地之所以设在龟北片，是因为该片区对武汉、对中国乃至东亚的近代转型，具有重要意义。龟北片最初是洋务运动领袖张之洞设立的汉阳铁厂和汉阳兵工厂所在地，虽然经过战火硝烟

不复存在，但是留下了重要的城市工业肌理。新中国成立后，这里有汉阳特种汽车制造厂、鹦鹉磁带厂等，延续了武汉的工业文脉。由于时代变迁，这些工厂也搬离了市中心，留下了极具特色的工业遗产。龟北片工业遗产类型全，数量丰富，研究价值极高。

国际古迹遗址理事会共享遗产中心研究员许颖表示，鹦鹉磁带厂早已变身为汉阳造创意产业园，而汉阳特种汽车制造厂成立于1958年，位于张之洞创办的湖北枪炮厂旧址，在两江交汇的龟山脚下。2004年，工厂搬迁至武汉开发区，老厂房在龟北片区废弃至今，已被确定为武汉市工业遗产。而整个龟北片共有6处工业遗产建筑。

专家透露，武汉地产集团将联合联合国教科文组织工业遗产教席，以跨专

业研究、产学研结合的形式，通过国际化的合作与综合设计，对龟北片的工业遗产进行研究与设计改造，使其活化，带来人气。许颖同时表示："不会轻举妄动，不会大拆大建。"

链接>>>

联合国教科文组织教席

联合国教科文组织在全球120多个国家、超过600所教研机构中设立了不同专业研究方向的教席，组建了全球教育、科学、文化的学术研究网络。工业遗产教席是全球唯一的以工业遗产为主要研究方向的教席，教席持有者及团队将对武汉的工业遗产开展登记、研究、抢救、修缮、改造设计等工作。

为何这"全球唯一"会落户武汉？武汉文化遗产保护专家丁援博士表示，因为武汉作为中国近代重工业发祥地、新中国工业重镇，拥有丰富的工业遗产资源，同时也面临着大城复兴、产业升级等重大挑战。此外，武汉举办了诸如"无界论坛"等众多活动，与联合国教科文组织和国际古迹遗址理事会专家有密切联系。"工业遗产教席"落户武汉，表明武汉丰富的工业遗产引起联合国教科文组织高度关注，同时也将极大促进武汉的工业遗产保护和研究与国际接轨。

第七届"无界论坛"由国际古迹遗址理事会共享遗产委员会、联合国教科文组织工业遗产教席和武汉地产集团联合主办。

武汉地产集团设计管理部部长尹卫民介绍，联合国教科文组织工业遗产教席的研究基地之所以设在龟北片，是因为该片区对武汉、对中国乃至东亚的近代转型，具有重要意义。龟北片最初是洋务运动领袖张之洞设立的汉阳铁厂和汉阳兵工厂所在地，虽然经过战火硝烟不复存在，但是留下了重要的城市工业肌理。新中国成立后，这里有汉阳特种汽车制造厂、鹦鹉磁带厂等，延续了武汉的工业文脉。由于时代变迁，这些工厂也搬离了市中心，留下了极具特色的工业遗产。龟北片工业遗产类型全，数量丰富，研究价值极高。

国际古迹遗址理事会共享遗产研究中心研究员许颖表示，鹦鹉磁带厂早已变身为汉阳造创意产业园，而汉阳特种汽车制造厂成立于 1958 年，位于张之洞创办的湖北枪炮厂旧址，在两江交汇的龟山脚下。2004 年，工厂搬迁至武汉开发区，老厂房在龟北片区废弃至今，已被确定为武汉市工业遗产。而整个龟北片共有 6 处工业遗产建筑。

专家透露，武汉地产集团将联合联合国教科文组织工业遗产教席，以跨专业研究、产学研结合的形式，通过国际化的合作与综合设计，对龟北片的工业遗产进行研究与设计改造，使其活化，带来人气。许颖同时表示："不会轻举妄动，不会大拆大建。"

人文·人居·新时代 第七届"无界论坛"在汉举行

国际专家学者肯定武汉有广泛可利用的文化线路机会

10月27日，由国际古迹遗址理事会共享遗产委员会、联合国教科文组织工业遗产教席和武汉地产集团联合主办的第七届"无界论坛"在武汉召开，主题为"人文·人居·新时代——文化线路在城乡可持续发展中的角色"。

"无界论坛"从2012年开始每年举办一次，已成为武汉城市文化的一张亮丽名片，本届论坛吸引了众多文化线路、遗产研究的国际级专家学者。来自六个国家的二十多位学者就文化线路、人居与城市、河流与文化遗产、城乡可持续发展等话题展开探讨。

法国驻汉总领事贵永华指出，法国与武汉的合作日益密切，文化遗产则是最重要的合作内容之一。

国际古迹遗址理事会共享遗产委员会主席安德斯则表示，"非常高兴中国同行8年前在武汉就针对遗产保护开设了研究中心，并且和3所高校、武汉市政府合作来推动武汉丰富的文化遗产的保护"。他表示，国际古迹遗址理事会很高兴利用在这方面的国际经验来帮助中国。近年来中国飞速发展，武汉丰富的遗产得以保护，并且将其融入城市发展过程中非常有必要。在武汉设立研究中心的活动和这些国际论坛将帮助武汉意识到遗产保护的重要性，并推动武汉的遗产国际化。

武汉地产集团发表了《从"建广厦"到"兴家园"》的主题演讲，回顾了改革开放四十年来武汉人居建设的历史性转变。

国际古迹遗址理事会顾问委员会顾问、美国乔治亚大学教授瑞普认为，武汉有很多工业遗产以及江河遗产，具有广泛可利用的文化线路机会。

瑞普教授和联合国人居署驻华代表张振山等国际国内专家还从各自的实践与思考出发，介绍了有关人居与文化线路的前沿研究。主旨发言之后，两场"无界对话"分别就"文化线路与长江大保护"和"文化遗产与城市可持续发展"等主题展开讨论，各国专家观点激烈碰撞，精彩纷呈。

武汉在遗产保护方面所做出的贡献以及在工业遗产、江河遗产等文化线路上的机遇，成为国际专家学者们的广泛共识。

法国驻汉总领事贵永华：武汉黎黄陂路保护了城市遗产

文化遗产保护合作已成中法两国合作的重要议程

贵永华在致辞中说，法国和中国同属于对遗产保护做得好的国家，对于两个国家人民而言，都必须把现在的遗产保护好，传承给后代。每个城市都有自己的历史和遗产，每个城市的遗产都是其精华所在，我们每个人都有义务去保护和传承。

法国在 20 世纪 50 到 70 年代也犯了一些错误，部分城市遗产受到不同程度的损坏。现在中国和法国一样，都意识到城市遗址保护、文化遗产可以成为城市经济发展的脉动。

正如我们在武汉所看到的，黎黄陂路这条街，不仅保护了城市遗产，同时为商业和旅游做出了贡献。

城市文化遗产的保护合作已经成为中法两国合作的重要议程之一。

武汉地产集团：从"建广厦"到"兴家园"

40 年的改革实践，打造和谐共生的人居环境

新中国成立初期，为了改善居民的居住条件，同时改善城市的生态环境，武汉市先后进行了四次城市规划，在规划中开始关注人的需求，注重城市人居环境的建设：1953 年将原海光农圃改造为东湖公园，围绕市区规划了环市森林带。1954 年，

划定了近期 4.5 平方米、中期 6 平方米、远期 9 平方米的人均居住面积；同时，也注意了保证居住环境免受工业污染的用地功能设置。1956 年的规划，提出了"拆一建三"的棚户区改造形式。1959 年的规划则特别考虑到了炎热武汉的建筑密度和绿化问题，也注意了公共场所和文化福利措施设置。

但按照"先生产、后生活"的指导思想，住宅建设逐渐不能适应职工日益增长的居住需求，生活服务配套设施也跟不上住宅建设的需要。

改革开放以后，武汉的城市建设开始出现质的飞跃。

1983 年武汉诞生了第一个商品房小区台北西村，由武汉统建办负责兴建。

1984 年，武汉市统建办走向市场，开展商品房的生产与经营，率先实现由单一住宅建设向配套建设及综合开发的转变，开启武汉人居飞跃式的发展变革。

1985 年，武汉诞生第一个用现代理念改造的旧城：汉口万松园，项目兼顾不同代际的需求，人居与自然和谐的理念得以彰显。

2003 年 5 月，原武汉统建集团和城开集团合并组建武汉地产集团。

在塑造城市形象的同时，武汉地产集团还致力于人居环境的提升与改善，先后建成了数十个大中型居住区，承担了约 450 万平方米的保障性住房建设任务，其中包括华中地区最大的棚户区改造项目——青山棚户区改造工程。

武汉地产集团投资建设的东湖绿道被列入联合国人居署改善城市公共空间示范项目，充分考虑到"以人为本"。

此外，绿色建筑方面，集团在进行光谷 188 国际社区住宅小区建设时，将人的舒适度和体验感放在重要位置，设计施工都充分考虑了绿色环保和安全便民的要求。前不久，该项目获得国家绿色建筑三星设计标识；同时，还申请了国际上最先进的绿色建筑认证体系——美国 LEED-ND 金级认证，这在武汉的住宅项目中尚属首例。

该集团也已谋划布局"为未来而设计"，与"互联网 +"结合的智慧社区，目前正在与腾讯等高科技企业进行沟通接洽，未来将联合开展智慧社区、智能家居研发，共同推动房地产开发进入智慧时代。

可以看到，武汉城市建设的理念越来越具有开放性、包容性和亲民性，越来越注重人居环境和人们的需要。未来，地产集团将打造更多"人—城—文化与自然"和谐共生的城市居住空间。

美国乔治亚大学教授、国际古迹遗址理事会顾问委员会顾问瑞普：
文化线路要因地制宜，激发公众想象力与参与度

文化线路可以反映不同的文化概念和生活方式，涵盖不同主题，包括建筑、风景、艺术、文学等各方面。文化线路的经济价值非常大，可促进旅游业，促进艺术项目发展和创新，连接人类社会和经济发展。

美国的国家步道系统就是一种文化线路，1968年颁布《美国步道系统法》，呼吁在城市和乡村为不同的人建立步道，主要包括国家风景步道、国家历史步道、国家休闲步道以及一些侧线和连接步道。

比如美国的"眼泪之径"。19世纪30年代，大量土著美国人从这条路走向西部，路程超过5000英里，沿线有非常多的文化和自然历史资源。密西西比州"蓝调小径"，诉说着蓝调音乐创造者所生活的地方是如何影响音乐创作的故事。高速公路与美国历史有非常紧密的联系，美国66号高速公路从芝加哥到洛杉矶，公路沿线有很多文化历史的印记。亚特兰大的一条路，通过22英里的环城公路，串起自行车道、车道、公园、经济发展区。

会上重点讲的美国纽约高线公园，是废旧铁路改造成旅游教育基地的典型案例。1934年铁路线建成开放，1960年部分被废弃，2009年被重塑成一个新公园，每年有超过700万游客参观，成为当地经济发展的新动力。

高线公园之所以能成功，离不开几个方面：一是它成为城市景观的代表，有很多树，保存了很多野外景色，大家能沿着线路步行赏景，欣赏历史建筑；二是开拓了青少年社区，有机构提供个性化旅游线路，青少年有机会参与园艺、邻里社区的交流；三是艺术设计也很重要，每年都有免费的多媒体当代艺术节目，艺术家能参与公园的设计建设。如2018年10月正在进行"1英里歌剧"，来自纽约各地的1000多名歌手都来此演奏。

我认为，一定要激发公众的想象力，让他们参与到城市建设中来；设计上要有毫不妥协的承诺，用顶尖的城市规划师、设计师、园艺师等；要有长期的可持续的资金保证；用全年无休的活动，激活空间吸引游客；解决好游客对周围社区的影响。

文化线路可以将历史和文化相结合，是一本活生生的历史书，既可以让年轻人了解城市历史，又有助于城市经济、文化、旅游业可持续发展。文化线路要与时俱进，因地制宜。

《建筑遗产》杂志冈萨雷斯教授：
长江大保护可从文化线路角度切入，利用水优势复兴城市
长江大保护体现重视大江城市的复兴

"文化线路概念是由西班牙学者 1994 年首次提出，到 2005 年得到国际古迹遗址理事会的承认。我国的城市设计目前已从做增量设计开始转向做存量设计。"中信建筑设计研究总院副总规划师丁援说，谈长江大保护时，可以从文化线路的角度进行梳理和研究。

《建筑遗产》杂志冈萨雷斯教授说，根据历史进程、社会经济的活动，文化线路的概念也是活的。西班牙政治历史的发展促进了文化线路理念的生成，1984 年西班牙进入欧盟后，将共享文化理念带入了国内。近几年中国长江大保护提得很多，可见越来越重视大江城市的复兴。

联合国教科文组织河流与遗产教席卡尔·万增：
利用好江河优势，尊重生物多样性

卡尔·万增教授说，江河对于文化交流扮演着非常重要的作用，大江大河也会创造自己的文化，人们需要利用在江河边的优势。对于城市的规划设计者来说，这点非常重要。大江城市的重塑，也需要重新发现，创造一些特征；逐渐提升水质，让人们更愿意到水边活动。

"在慕尼黑伊莎河的修复中，有些物种生存下来了，但有的不能生存，通过建

模进行原因分析，将河流模型和人口模型进行分析后，我认为需要减少人类干预。"卡尔·万增教授指出，一定要保护人无法到达的区域，真正为生物多样性建立一个不受干扰的场所和生存空间，所以人类有时要做出一些牺牲，才能让一些更敏感的物种得以保留，人类要了解如何与动植物共存。

国际古迹遗址理事会顾问委员会顾问瑞普：

武汉有广泛可利用的文化线路机会

瑞普表示，武汉有如此长的历史，文化线路有很多可以利用的机会。比如，从中国出发、经过蒙古到俄罗斯的万里茶道，这就是一条非常重要的文化线路。武汉还有很多工业遗产，保护好这些工业遗产，让市民去参与空间的利用，对促进经济发展也有一定作用。

武汉的水路交通都很便利，公路、水路、高铁四通八达，还有众多的河流，这些对于文化线路是另一种机会。武汉还有很多展示了历史文化的街区和线路，行走或骑行在这些道路上，就可以感知历史和文化。总之，武汉有一系列广泛的机会，利用文化线路促进经济和旅游的发展，在其中还可以融合当地民俗、艺术等形式。

华中科技大学教授李晓峰：

从文化的角度看河流，研究遗产保护

李晓峰主要开展了汉江流域文化线路上的城乡聚落研究，在他看来，汉江流域是中部地区重要的遗产廊道，有多样的自然条件和丰富的人文环境。汉江流域聚落类型包括滨水聚落、平原聚落、山地聚落、水上聚落等，城乡聚落空间形式因水而成。因此，聚落遗产的保护，要从水环境保护着手，并考虑聚居者的基本权益，希望汉江流域遗产廊道有一天能列入《世界遗产名录》。

"我们看待河流，不仅只看到它自然的一面，还可以从文化的角度去看河流文化。在认知上要有一些突破，城市变迁不一定要变成全新的，遗产要保存下来。比如汉江流域遗产的分布是有其特征的，我们应该去研究，将它们串起来。"李晓峰说。

国际古迹遗址理事会共享遗产研究中心研究员许颖：

武汉是长江文化线路的重要一环

"武汉正在开展一个申遗项目——万里茶道，从世界遗产的角度来说，这是一条文化线路，涵盖遗产建筑和非物质文化遗产等。"许颖说，武汉有中国最重要的河流长江；从长江流域看，武汉有大量中西融合特征，既有很多文化线路，更是长江文化线路的重要一环。武汉的遗产价值非常高，有丰富的工业遗产、河流遗产、城建遗产和文化景观，可以说是中国近现代城市转型的代表性城市。

（本版撰文　韩玮　王谦　田立平　本版摄影　任勇）

"青少年无界论坛"在武汉开坛

  荆楚网消息（通讯员陈鹭虹）10 月 25 日，由武汉共享遗产研究会、湖北知音动漫有限公司联合主办的首届"ICOMOS–Wuhan 青少年无界论坛"在翟雅阁武汉设计之都客厅举办。该论坛是武汉市大型国际性学术论坛"第七届 ICOMOS–Wuhan无界论坛"的分论坛，旨在激发青少年以更开阔的视野、更创新的思路关注社会，关注城市与人居，成为城市可持续发展的新生力量。

  10 月 25 日下午，首届"ICOMOS–Wuhan 青少年无界论坛"于翟雅阁博物馆正式开坛。"第七届 ICOMOS–Wuhan 无界论坛"主论坛的嘉宾，包括美国乔治亚大学教授、国际古迹遗址理事会顾问委员会顾问 James Reap，ICOMOS 国际古迹遗址理事会共享遗产科学委员会主席 Siegfried Enders 博士，西班牙 ARQTEL BARCELONA建筑公司合作伙伴及联合创始人 Lorenzo Barrionuevo 教授，联合国教科文组织亚太地区世界遗产培训与研究中心的施春煜先生、钱宇晨女士等，他们也是本届青少年论坛的评审专家。他们认为，文化、文化遗产、城市发展等议题不应该仅仅存在于学术界，而是与每个人的生活息息相关。

  比赛正式开始，各组选手代表根据抽签顺序依次上场，配合文稿演示，以全英文陈述他们的调研成果。在每组短短的 5 分钟内，他们展现出长远的眼光、强烈的问题意识及科学的研究方法。他们的思路十分开阔，研究主题从东湖绿道生态系统到龟北片工业遗产，从城中村改造到公共交通系统升级，从武汉生态状况到双城地貌与文化的差异；他们的目标明确，所有工作无一不指向更加文明、环保、舒适的城市建设；他们的调研方法也较为科学，使用实地走访、问卷调研、文献查阅等多种方式，陈列出翔实的调查数据，给出一份份令人信服的高质量答卷。

10月27日，"第七届ICOMOS–Wuhan无界论坛"主论坛将在东湖国际会议中心开坛。来自世界各地的业界专家将进行"人文·人居·新时代"国际学术研讨，本次"ICOMOS–Wuhan青少年无界论坛"的获奖选手将作为特邀嘉宾出席此次国际性学术盛会，并接受领导和专家的颁奖。

http://news.cnhubei.com/xw/wuhan/201810/t4180800_mob.shtml

霸气！苏州六位中学生勇夺青少年无界论坛决赛第二

10月25日下午，苏州工业园区星海实验中学六位同学组成的世界文化遗产研究团队，参加了在武汉举行"ICOMOS–Wuhan青少年无界论坛"，并在决赛中取得第二名的优异成绩。

无界论坛诞生于2012年，由武汉市政府与国际古迹遗址理事会共享遗产委员会、联合国教科文组织工业遗产教席联合主办。论坛通过对创意城市与文化遗产、工程文化景观、遗产与可持续发展等主题的探讨，推动文化和文化遗产在城市可持续发展中的作用。"ICOMOS–Wuhan青少年无界论坛"是"第七届ICOMOS–Wuhan无界论坛"的分论坛。来自武汉和苏州两地的70余位选手展示了他们对于城市规划和建设的深入思考和崭新观念，星海学子用实际行动让青春的创想与智者对话，让民族的精神与世界交流。

昨天，星海实验中学世遗研究团队来到武汉翟雅阁博物馆，与另外9支参赛队伍就"我心目中的理想家园"主题进行学术展示和强强对话。李敏之同学作为团队代表，就《百园之城苏州与园林式校园建设——以苏州某中学校园为例》做论坛发言，流利、清晰，富有感染力。在与中外专家的英语问答环节中自信大方，对"文化遗产在城市可持续发展中的作用"提出了富含思辨力的见解，得到了与会专家和其他参赛选手的肯定。园林式校园建设这一论题既契合论坛主题，又富有苏州地域特色。星海学生通过对身边的文化遗产——苏州古典园林的实地考察，提出了校园建设中园林元素融入的可行性方案，展现了星海学子的行动力和创新力。

本次参赛的星海世遗研究团队由初中部侯天喻、盛淼和高中部孙大为、李敏之、江亦悦、叶柘源共六名学生组成。高中部四位学生全部为星海 2017 届和 2018 届优秀初中毕业生，在本次活动中他们发扬了星海的团队协作能力以及创新探索的精神，展现出了星海教育一贯倡导的文化情怀和国际视野。参赛选手们收获颇丰，初中学生代表侯天喻说道："在决赛现场，外国专家与星海学子面对面交流，指出研究报告的优缺点。这是一场东西方对遗产保护和传承的思想盛宴。"高中学生代表李敏之总结："我结识了一批志同道合的伙伴，了解了外校学生对于世界遗产和城市建设的独到见解，有机会和美国乔治亚大学 James Reap 教授等专家进行深入交流。非常感谢队友们和指导老师们两个月来的努力与付出。"

在本次无界论坛的前期准备、课题反馈、初步调研、论文写作、线上路演、最终修改以及现场决赛的过程中，星海初、高中学生深入思考如何在百园之城苏州建设"理想中的园林式校园"，研究园林式校园的现状、问题和解决方案，学生的科学研究能力得到了提升，从细化研究问题、确定研究方法、实施现场调查、收集、分析、总结数据，到学术论文的撰写和展示，星海师生共同从"学习者"转向"研究者"。

星海实验中学一贯重视世界遗产青少年教育。每年，初中部学生参加联合国教科文组织亚太地区世界遗产培训与研究中心（苏州）组织的世界遗产绘画比赛；星海与联合国教科文组织亚太地区世界遗产培训与研究中心（苏州）合作创办的初中世界遗产社团被评为"2018 年苏州市十佳初中生社团"，学子在社团活动中培养中国情怀，开拓国际视野，自觉成为世界遗产青年保卫者。高中部就苏州古典园林开设相关校本课程，学生积极参与"中英 12 校模拟世界遗产大会"，多次获得最佳发言奖；在历年的"My World My City 世界遗产在苏州"的英文演讲大赛中也屡创佳绩。

星海实验中学校长陈丽霞表示，正是平日浸润在星海"既有地域特色，又具国际视野"的校园文化氛围中，星海学子具有了珍贵文化遗产的继承和守护意识，在本次活动中自觉展现出了他们的思想和态度。学校坚持了十几年的世界文化遗产教育，增强了星海学子关注中华民族优秀传统文化的自觉以及对世界遗产的保护传承意识，也增强了学生的国际理解素养。

扬子晚报 / 扬眼记者　顾秋萍

链　　接：http://m.yangtse.com/content/app/632515.html?from=groupmessage&isappinstalled=0

武汉电视台专题报道

武汉电视台：第七届无界论坛开幕（2018.10.28）

武汉电视台：无界论坛：廓清"开发"与"保护"的关系（2018.10.28）

特别鸣谢：

本书所用图片，除由作者本人提供外，均由 ICOMOS 共享遗产研究中心提供。

书中 6 篇外国专家的文章及译稿，均由 ICOMOS 共享遗产研究中心许颖博士整理、翻译。